Angewandte Kryptographie

Ich, Franz Scheerer, der Autor dieses Buches, bin Inhaber von Scheerer Software in Wiesbaden, Fritz-Philippi-Straße 34, 65195 Wiesbaden.

Symmetrische und asymmetrische Verfahren

Erscheinungsjahr 2018

Mit diesem Buch lösen sie alle Probleme der Kryptographie ohne weitere Kosten

Herstellung und Verlag:
BoD – Books on Demand, Norderstedt
ISBN: 978-3-7481-5231-6

Was ist eigentlich Kryptologie

Im eigentlichen Wortsinne nicht mehr als die Lehre von der Verschlüsselung, der Umwandlung oder Transformation von Information in eine unlesbare Form, so dass eine Entschlüsselung nur bei Kenntnis von bestimmten Schlüsselinformation wie etwa einem Passwort möglich ist.

In der Kryptologie können zwei Teilgebiete unterschieden werden, die Kryptographie, die Entwicklung von sicheren Verfahren der Ver- und Entschlüsselung und die Kryptoanalyse, die Analyse der Verfahren, insbesondere die Entwicklung von Verfahren zur Entschlüsselung ohne Kenntnis des geheimen Schlüssels. Die beiden Teilgebiete können aber nicht wirklich getrennt betrachtet werden. Bei der Entwicklung eines Verfahren müssen wir uns natürlich auch immer überlegen wie es gebrochen werden kann. Häufig wird der Begriff Kryptographie auch synonym zu Kryptologie verwendet. Wir sprechen daher im Folgenden von Kryptographie.

Die Kryptographie umfasst heute auch die Berechnung von Prüfsummen, Hash genannt und asymmetrische Verfahren. Bei asymmetrischen Verfahren sind die Prüfsummen digitale Signaturen, die vom Prüfer nicht gefälscht werden können. Asymmetrisch bedeutet, dass die verwendeten Schlüssel zum Verschlüsseln oder Berechnung einer Prüfsumme nicht identisch sind zu den Schlüsseln zur Entschlüsselung oder zur Prüfung der Signatur. Entscheidend dabei ist, dass es praktisch unmöglich ist, die privaten Schlüssel aus den öffentlich bekannten Schlüsseln zu berechnen.

Allein die asymmetrischen Verfahren benötigen tatsächlich nicht triviale Mathematik, mehr als die Division mit Restberechnung. Mit quasi jedem Computer können auch sichere asymmetrische Verfahren, RSA und elliptische Kurven hinreichend schnell berechnet werden. All dies finden wir in diesem Buch.

RSA und elliptischen Kurven

Es gibt jedoch tatsächlich keinen mathematischen Beweis für die Sicherheit der asymmetrischen Verfahren weder für RSA noch für Verfahren, die auf elliptischen Kurven beruhen. Die Erfahrung hat uns gelehrt, dass als sicher betrachtete Schlüssellängen sich als komplett unsicher erweisen können. Für RSA müssen die Schlüssel mindestens 768 Bits lang sein, damit es zumindest schwierig ist, auch für Geheimdienste, den privaten Schlüssel aus dem öffentlichen zu berechnen. Niemand kann wirklich sicher sein, dass es kein Verfahren gibt noch wesentlich längere Schlüssel zu knacken Es gibt auch bei 3072 Bis hierfür keine Garantie, aber 1536 Bits, also zweimal 768 Bits sind sicher, wenn keine grundlegend neuen Verfahren zur Faktorisierung gefunden werden. Der Weltrekord im Faktorisieren liegt nämlich schon lange Zeit, fast ein Jahrzehnt bei nur 768 Bits. Ich persönlich halte es für sehr unwahrscheinlich, dass 1536 Bits jemals geknackt werden können. Einen exakten mathematischen Beweis für die Nicht-Existenz eines schnelleren Algorithmus kann es aber nicht geben.

Einen solchen Beweis gibt es schon gar nicht für elliptische Kurven. Diese Verfahren sind nur sicher, können nur sicher sein, wenn der diskrete Logarithmus praktisch nicht berechenbar ist. Der diskrete Logarithmus ist der Faktor, eine Zahl, mit der ein Punkt auf einer Kurve multipliziert werden muss, um einen vorgegebenen Punkt zu erhalten. Wir wissen, die dabei verwendeten Primzahlen müssen mindestens 200 Bits haben, damit dies mit heute bekannten Verfahren unmöglich ist. Den 200-Bit-Wert können wir mit RSA signieren. Die gesamte Signatur, die wir damit erhalten, ist sicher, sofern nur eines der beiden Verfahren, RSA und Schnorr-Signatur mit elliptischen Kurven tatsächlich sicher ist. Ein sicheres Verfahren von zwei genügt also. Ein Hacker muss beide Verfahren knacken. Wir können getrost davon ausgehen, dass dies unmöglich ist.

Wir könnten auch versuchen mehr Sicherheit schlicht durch längere Schlüssel zu erreichen. Dies ist jedoch eine fragwürdige Methode. Mit heute bekannten Verfahren sind auch 1536 Bits bei RSA völlig ausreichend und eine Garantie, dass RSA mit 3072 Bits sicher ist, die gibt es nicht. Etwa der Diffie-Hellman-Schlüsselaustausch wie 1976 veröffentlicht, ist mit 200 Bits nicht sicher, mit 500 Bits aber auch nicht. Dies belegt, die erforderliche Schlüssellänge kann nicht bestimmt werden, wenn der effizienteste, oder mindestens annähernd effizienteste Algorithmus den Schlüssel zu berechnen nicht bekannt ist. Nur bei bekannten Verfahren, kann die notwendige Schlüssellänge berechnet werden, damit das Verfahren nur mit einem bestimmten Aufwand geknackt werden kann.

Der beinahe beste Algorithmus um RSA zu knacken, also große Zahlen zu faktorisieren, ist das quadratische Sieb. Es beruht auf der Idee n als Differenz zweier Quadratzahlen zu schreiben.

Gesucht Qudratzahlen X^2 und Y^2
so dass $X^2 \equiv Y^2 \, mod \, n$
oder umgeformt
$(X - Y) \times (X + Y) \equiv 0 \, mod \, n$

Um solche Quadratzahlen finden zu können, sucht man zunächst Zahlen mit der Eigenschaft

$(x_i)^2 \, mod \, n \, eine \, B - glatte \, Zahl$

$B - glatte \, Zahlen \, sind \, solche \, Zahlen ,$
deren Primfaktorenzerlegung
nur Primzahlen kleiner oder gleich B enthalten.

Wenn es N Primzahlen kleiner oder gleich B gibt, werden etwa N solche Zahlen (x_i) benötigt. Dann kann ein lineares Gleichungssystem aufgestellt werden. Die Lösung liefert die gesuchten Quadratzahlen und auch die gesuchten Primfaktoren der Zahl n. Zur Faktorisierung müssen sehr große Werte der Schranke B gewählt werden, sonst ist die Chance solche Zahlen zu finden minimal. Mit der Größe von B steigt auch der Speicherbedarf. Wir brauchen nicht nur sehr schnelle Rechner, sondern auch sehr viel Speicher.

Es gibt keinen Beweis, aber es gibt auch nicht den geringsten Hinweis auf grundlegend neue und wesentlich schnellere Verfahren zur Faktorisierung. Seit 1991 läuft ein Wettbewerb, wo auch beträchtliche Geldpreis versprochen werden, wenn solche großen Zahlen n, bestehend aus zwei etwa gleich großen Primfaktoren faktorisiert werden können.

Der Weltrekord steht seit etwa einem Jahrzehnt bei 768 Bits. Die RSA-Signaturen sind also sehr wahrscheinlich sicher. Aber es gibt auch alternative Verfahren, die auf der Addition von Punkten auf elliptischen Kurven beruht. Wenn wir beide Verfahren kombinieren erhalten wir noch sichere Signaturen.

Wir behandeln jetzt zunächst klassische Verschlüsselungsverfahren, die den gleichen Schlüssel zum Ver- und zum Entschlüsseln verwenden. Dies Verfahren sind nahezu perfekt sicher.

One-Time-Pad

Die praktisch schon perfekte, unknackbare Verschlüsselung beliebiger digitaler Daten beruht auf einer einfachen Idee, dem One-Time-Pad. Texte, Bilder und jede Form von Information, die elektronisch gespeichert werden kann, können wir mit der Methode One-Time-Pad verschlüsseln. Es ist erstaunlicher Weise möglich und eigentlich komplett simpel, nahezu perfekt zu verschlüsseln auch ohne besonderes Expertenwissen, auch wenn die Experten dies natürlich nicht wahr haben wollen.

Für die perfekte Verschlüsselung, Zeichen für Zeichen, brauchen wir nur zufällig erzeugte Zahlen von null bis zur Anzahl N der Zeichen aus unserem Zeichensatz oder Alphabet. Wir rechnen dabei   mit den ganzen Zahlen von 0 bis (N-1) modulo N, das heißt wir bilden den Rest der Division durch N, falls die Zahlen größer (N-1) werden.

Wir müssen die Zeichen eines völlig beliebigen Zeichensatzes einfach nur eine definierte Reihenfolge bringen und haben damit ein Alphabet definiert. Wir benötigen nicht mehr als zwei Zeichen in unserem Alphabet. Natürlich können wir das klassische Alphabet mit 26 Buchstaben verwenden oder 256 Zeichen, die mit 8 Bits im Computer als sogenannte Bytes gespeichert werden können. Es sind auch Alphabete mit weit mehr als 256 Zeichen denkbar. Die Verschlüsselung nach dem Prinzip des One-Time-Pad erfolgt immer nach dem selben Muster.

Für alle Zeichen der Nachricht interpretiert als Zahlen von 0 bis $N-1$.
Für index $= 1, 2, 3, \ldots$ bis zur Länge der Nachricht
$$Chiffre_{index} \equiv \left(Zahl\left(Zeichen_{index}\right) + Schlüssel_{index} \right) \bmod N$$

Die Entschlüsselung ist bei Kenntnis der Schlüsselzeichen, besser gesagt Schlüsselzahlen, ist ebenso trivial.

Für alle Zeichen der Chiffre interpretiert als Zahlen von 0 bis $N-1$.
Für index $= 1, 2, 3, \ldots$ bis Länge der Nachricht
$$Zahl\left(Zeichen_{index}\right) \equiv \left(Chiffe_{index} - Schlüssel_{index} \right) \bmod N$$
Wandle $Zahl\left(Zeichen_{index}\right)$ zu $Zeichen_{index}$

Diese Chiffre ist perfekt sicher, weil bereits die Verschlüsselung von jedem Zeichen perfekt sicher ist und die Verschlüsselung einzelner Zeichen unabhängig von einander betrachtet werden kann. Dies gilt, weil zufällige Zeichen vertauscht werden können.

Es ist eine Tatsache - sind die Schlüsselwerte gleichmäßig und zufällig verteilt und nicht vorhersagbar - ist die Chiffre absolut unknackbar. Die Verschlüsselung ist folglich komplett trivial, sofern wir die Zufallszahlen nicht vorhersagbar zwischen 0 und $N-1$ berechnen können —— und tatsächlich ist dies nicht ernsthaft ein Problem.

Die Berechnung, die deterministische Berechnung, von solch perfekten scheinbarem Pseudo-Zufall kann sogar nahezu beliebig schnell erfolgen. Ist dieser von echtem, perfekt gewürfeltem Zufall, gar nicht zu unterscheiden, haben wir schon die perfekte Chiffre. Das One-Time-Pad ist mit solchem Pseudo-Zufall ebenso wenig zu knacken.

Die Zufallsfolge kann aus einem Passwort berechnet werden. Verschlüsselung ist nicht ernsthaft ein Problem, ebenso die Berechnung eines Prüfwerts aus beliebigen Daten, so dass es praktisch unmöglich ist unterschiedliche Daten, Kollisionen genannt, zu finden, die den gleichen Prüfwert ergeben. Funktionen zur Berechnung solcher Prüfwerte werden kryptographische Hashfunktionen genannt.

Es jedoch zwingend erforderlich, dass der Prüfwert oder Hashwert (H) lang genug ist, damit zufällige Übereinstimmungen der Prüfwerte auch bei Berechnung einer großen Anzahl Werte nicht entdeckt werden können. Der Prüfwert der Wert der Hashfunktion, muss mindestens etwa 256 Bits haben. Es gibt hinreichend viele Hashfunktionen, die auch sehr schnell berechnet werden können und nach heutigem Stand sehr sicher sind.

Die Komprimierung und Entropie

Wir können es auch testen, ob unsere Zufallszahlen wirklich perfekt sind. Erstaunlich einfach – wir brauchen nur testen, ob der erzeugte Zufall, in einer Datei gespeichert, nicht komprimierbar ist. Die Größe der maximal komprimierbaren Datei ist der Informationsgehalt, die Entropie. Haben bestimmte Zeichen eine höhere Wahrscheinlichkeit p_i als Andere kann dies zur Komprimierung genutzt werden. Der Informationsgehalt berechnet sich nach der folgenden Formel.

$$Entropie = \sum_{p_i} p_i \ln(1/p_i)$$

Der Trick bei der Komprimierung ist, häufige Bitfolgen werden durch kürzere Bitfolgen ersetzt als weniger wahrscheinliche Bitfolgen. Ist die Wahrscheinlichkeit für alle Bitfolgen gleich, ist eine weitere Komprimierung unmöglich. Wir erkennen für das One-Time-Pad geeignete Zufallsfolgen also daran, dass wir sie nicht komprimieren können.

Ist die Zufallsdaei nicht komprimierbar ist der Zufall perfekt geeignet für das One-Time-Pad. In der Regel wird der Zufall als Funktion eines Passworts berechnet. Die geringste Veränderung des Passworts sollte zu komplett veränderten Zufallszahlen führen. Wir können dies überprüfen, indem wir Zufallsbits, die mit unterschiedlichen Passworten erzeugt wurden zunächst in einer Datei speichern. Jetzt können wir testen, ob die Gesamtdatei komprimiert werden kann. Wenn unser selbst gebastelter Zufallsgenerator alle Tests besteht, wird das damit berechnete One-Zime-Pad auch für den Geheimdienst nicht zu knacken sein. Bei bekanntem Algorithmus ist das Verfahren aber maximal so sicher wie das Passwort, in den meisten Fällen komplett unsicher. Daher ist die Verwendung eines unbekannten Algorithmus zu empfehlen.

Unseren perfekten Zufallsgenerator können wir natürlich auch nutzen, um Passwörter zu generieren, die wir dann im Inernet benutzen. Wir brauchen uns dann nicht die Zufallszeichen merken, sondern nur leicht einprägsame kürzere Passwörter.

Perfekte Prüfsummen – kryptographische Hashfunktionen

Mit den Algorithmen zur Berechnung von Zufallzahlen, die wir für die Verschlüsselung brauchen, können wir noch mehr erreichen, auch Prüfsummen können in sehr ähnlicher Weise berechnet werden. Es gibt sogenannte kryptographische Hashfunktionen, die für unterschiedliche Nachrichten praktisch auch immer unterschiedliche Prüfsummen ergeben. Da es viel mehr mögliche Nachrichten als Hashwerte gibt, muss es natürlich zwangsläufig unterschiedliche Nachrichten geben, aus denen die identische Prüfsummen resultieren. Es ist jedoch praktisch unmöglich solche zu finden. Selbst wenn ein Hacker mit Hilfe schneller Rechner versucht Kollisionen zu finden, wird er keine finden können.

RC4 ist ein komplett simpler Algorithmus, entwickelt von Ron Rivest, mit dem Zufallszahlen berechnet werden können. Ausgangspunkt ist eine sogenannte S-Box, eine Vertauschung, mathematisch Permutation, der Zahlen 0 bis 255, von Bytewerten, die in der EDV zur Speicherung einzelner Zeichen benutzt werden. Diese S-Box wird gemischt und wir stellen uns vor, die Zahlen seinen auf 256 Spielkarten notiert. Diese Karten stellen wir uns im Kreis herum angeordnet vor. Diesen Kreis denken wir uns als Ziffernblatt einer Uhr mit zwei Zeigern. Die Uhr hat 256 Positionen null bis 255. Beide Zeiger starten an der Position null. Der erste Zeiger wird immer um genau eine Position weiter gedreht, der zweite Zeiger wird dann auch weitergedreht um den Wert auf den der erste Zeiger zeigt. Nachdem beide Zeiger gedreht wurden, werden die Karten an den Positionen der beiden Zeiger vertauscht. Dann wird der erste Zeiger wieder um eins weiter gedreht, der zweite Zeiger um den Wert auf den der erste zeigt, die Karten werden getauscht und immer so weiter. Wir beobachten dann, der zweite Zeiger springt scheinbar völlig zufällig umher. Aus der Position der Zeiger und den Werten auf die sie zeigen, könenn wir eine Zufallsfolge berechnen. Dieses Verfahren ist schon fast perfekt. 2014 wurde eine verbesserte Variante von Ron Rivest und Jacob C. N. Schuldt vorgeschlagen. Diese enthält auch einen Algorithmus, um eine Hashfunktion zu berechnen, bei der Kollisionen niemals gefunden werden können. Dies gibt bei 256 Bits oder mehr Output auch der intelligenteste Hacker wird niemals Kollisionen finden können.

Mit den folgenden Gleichungen wird der noch weiter verbesserte Algorithmus Spritz als Pseudocode in einer fiktiven Programmiersprache dargestellt. Der verfeinerte Algorithmus enthält noch einen dritten Zeiger k. Auch der Output des Zufallsgenerators z wird zur Pseudo-Zufallsberechung genutzt. Die Schrittweite w ist nicht immer eins, sondern variabel. Der Algorithmus ist so komplex, dass er nicht mehr geknackt werden kann.

Pseudocode für SPRITZ

InitialisiereZustand ( )

Setze Zeiger : $i = j = k = z = a = 0$
Setze Schrittweite $w = 1$
Für index $:= 0$ bis 255
Setze : $s[index] = index$

Absorbiere (M)

Für index $:= 0$ bis (Länge von M / Bytes)
Absorbiere 4 Bits (LOW (M[index]))
Absorbiere 4 Bits (HIGH (M[index]))
Ende : Für index
Mische ( )

Absorbiere 4 Bits (x)

Wenn ($a = 128$)
Mische ( )
Tausche ($s[a], s[128 + x]$)
$a = a + 1$

Mische ()

$$\textit{Wiederhole } 3 \textit{ Mal}$$
$$\textit{Wiederhole } 256 \textit{ mal}$$
$$i = i + w$$
$$j = k + S[\,j + S[\,i\,]\,]$$
$$k = i + k + S[\,j\,]$$
$$\textit{Tausche}\,(S[\,i\,], S[\,j\,])$$
$$\textit{Ende}: \textit{Wiederhole } 256 \textit{ Mal}$$
$$w = w + 2$$
$$\textit{Ende}: \textit{Wiederhole } 3 \textit{ Mal}$$
$$a = 0$$

Am Ende wird der Zeiger a wieder auf null gesetzt. Er zeigt daher immer nur auf die untere Hälfte der S-Box von null bis 127. Getauscht wird immer mit einer „Karte" aus dem oberen Bereich von 128 bis 255.

$$\textbf{\textit{Output}}\,(\,)$$
$$i = i + w$$
$$j = k + S[\,j + S[\,i\,]\,]$$
$$k = i + k + S[\,j\,]$$
$$Tausche\,(S[\,i\,],S[\,j\,])$$
$$z = S[\,j + S[\,i + S[\,z + k\,]\,]\,]$$
$$return\,z$$

Beachte, dass die Variable a niemals größer 128 wird. Sie nimmt wiederholt alle Werte von 0 bis 127 an. Es wird niemals von a=128 getauscht.

Es wiederholen sich ständig die Werte von 0 bis 127. Sobald die Variable a den Wert 128 erreicht hat, wird die Funktion Mische() aufgerufen und am Ende der Wert a wieder auf null turückgesetzt. Um die Hashfunktion aus einer Nachricht M zu berechnen rufen wir zunächst die Funktion InitialziereZustand() auf, um die Zeiger i, j, k, z und a mit dem Strartwert null zu besetzen. Die Schrittweite, gespeichert in der Variablen w, wird gleich eins gesetzt. Dann rufen wir die Absorbiere(M) auf. Dadurch werden die Zustandsgrößen, die Zeiger und die S-Box, je nach Nachricht, immer auf andere Art besetzt. Damit der Hacker keinesfalls Kollisionen finden kann. könnten wir die Funktion Absorbiere(M) auch wiederholt aufrufen.

Wenn eine Hashfunktion mit 256 Bits berechnen wollen, dann rufen wir am Ende schlicht 32 Mal die Funktion Output() auf.

Dieser Algoruthmus kann auch zur Berechnung eines One-Time-Pads zum Verschlüsseln benutzt werden. Wir haben damit bereits alles erreicht, was wir ohne asymmetrische Verfahren überhaupt erreichen können mit der Kryptographie.

Jetzt wird sich vielleicht mancher Leser fragen, wozu brauchen wir dann Blockchiffren wie DES und AES und kryptographische Standards wie SHA-1, SHA-2 und SHA-3.

Die Anwort lautet schlicht, wir brauchen all das überhaupt gar nicht. Es gibt unzählige Möglichkeiten für alternative Verfahren und im Grunde würde Spritz uns bereits vollkommen genügen. Der Spritz-Algorithmus wurde, wie von Kritikern imer gefordert, nicht nur von den namhaften Entwicklern sondern auch unabhängig davon von anderen angesehenen Wissenschaftlern eingehend untersucht. Der Output ist für praktisch vorkommende Datenmengen überhaupt nicht zu unterscheiden von perfekt gewürfeltem Zufall. Die Verschlüsselung ist daher ein ideales One-Time-Pad und die Hashfunktin, ein ideales Zufallsorakel. Bei 256 Bits Output können Kollisionen nicht gefunden werden.

In der Tat gibt es viele andere Verfahren Zufallszahlen zu erzeugen, um damit zu Verschlüsseln oder eine Hashfunktion mit einem approximierten Zufallsorakel zu konstruieren. Zu diesem Zweck kann natürlich aus der AES benutzt werden.

Natürlich können mit verschiedenen Verfahren berechnete Prüfwerte zu einem neuen Prüfwert kombiniert werden. Im einfachsten Fall hängen wir die Hashwerte einfach an einander. Kollisionen müssen dann simultane Kollisionen aller Hashwerte sein. So können auch aus der von Ron Rivest entwickelten Hashfunktion MD5, die in vielen Softwareprodukten enthalten ist, leicht sichere Hashfunktionen mit 256 Bits machen. Wir benötigen nur eine Variiante von MD5 und haben zusammen mit der orginalen Version eine schon fast perfekte Hashfunktion.

$$H(M) := MD5(M) + MD5(M+M)$$
$$\text{mit der Bedeutung von '+' als an einander hängen}$$
$$'abc' + 'jk1' := 'abcjk1'$$

Die Kryptologie dreht sich also ständig nur im Kreis. Was wir wirklich brauchen, dafür wurden schon viele unterschiedliche Algorithmen entwickelt. Alleine bei den asymmetrischen Verfahren gab es lange Zeit nur wenige Algorithmen, vor allem das ebenfalls von Ron Rivest und anderen entwickelte Verfahren RSA. Dies Verfahren wird im Folgenden unser Thema sein. Später entwickelten Wissenschaftler noch das Rabin-Verfahren und die elliptischen Kurven.

Das berühmte RSA-Verfahren

Mit den symmetrischen Verfahren, der Verschlüsselung, einer Transformation der Nachricht in eine unlesbare Form mittels eines geheimen Schlüssels und (quasi) eindeutigen Prüfsummen sind wir eigentlich schon fast am Ziel. Aber mit dem

RSA-Verfahren können „Prüfsummen" auch geprüft werden, ohne dass der Prüfer gefälschte Signaturen erstellen kann. Dies wurde erst mit dem RSA-Verfahren möglich.

RSA steht für die Namen der Erfinder dieses Verfahrens Ron Rivest, Adi Shamir und Leonard Adleman. RSA ist ein asymmetrisches kryptographisches Verfahren, das von den drei Erfindern als Alternative und Konkurrenz zum Schlüsselaustausch-Verfahren von Whitfield Diffie, Martin Hellmann und Ralph Merkle entworfen und bereits 1977, ein Jahr nach der Veröffentlichung des berühmten Schlüsselaustausch-Verfahrens, veröffentlicht wurde.

$$Privater\ Schlüssel\ (streng\ geheim):$$
$$Primzahlen\ p\ und\ q\ mit\ 300\ Stellen\ und\ Zahl\ d$$

$$Öffentlicher\ Schlüssel$$
$$(nicht\ fälschbar\ aufbewahren):$$
$$n = p \cdot q, e$$

$$Signatur: me \equiv \left(TextAlsZahl(m)\right)^{d} \bmod n$$

$$Verifikation: m = ZahlAlsText\left((me)^{e} \bmod n\right)$$

Das Skript im Quelltext für Python

Der Leser kann das folgende Skript abtippen und dann den vollständigen Algorithmus anwenden, um seine Daten zu signieren. Er kann das fertige Skript aber auch im Internet finden und herunterladen.

```
import random, hashlib, sys

#
# PUBLIC KEY
#

nrsa = 383626079482453003581959342275486897437276810501762112015096417962503034946355885847565372608091294088667461763999830686429453688304248212292696213403137565837850965793210565228629643868465043984726753985708135952371941589332141496075089575026473930774687113630827063045326573874701039960232339252087767670688007428285547288422593065300532010797701525372434952454098225451351936262069347410839304754412765158385105641887071967709339217261719046529449819819803981971040350287899481318042844572080407643703978851173211139058556724484977523348981340852893396184610651163212391478180495651658877162887387343547236694.7373L
```

```python
def bin2num(x):
  res = 0
  for c in x:
    res = (res<<8) ^ ord(c)
  return res


def num2bin(x):
  res = "
  while x > 0:
    res = chr(x % 256) + res
    x /= 256
  return res


def digital2num(x):
  res = 0
  for c in x:
    if ord(c) >= 48 and ord(c) <= 57:
      res = (res*10) + ord(c) - 48
  return res
```

```python
def hextxt2num(x):
    res = 0
    for c in x:
        if ord(c) < 58 and ord(c) >= 48:
            res = (res<<4) + ord(c) - 48
        elif ord(c) <= ord('f') and ord(c) >= ord('a'):
            res = (res<<4) + ord(c) - 87
    return res


def num2hextxt(x):
    res = ''
    h__ = ['0','1','2','3','4','5','6','7','8','9','a','b','c','d','e','f']
    while x > 0:
        res = h__[x % 16] + res
        x /= 16
    return res


def gcd(a,b):
```

```
  while b > 0:
    a,b = b,a % b
  return a


def issmooth(n,m):
  g = gcd(n,m)
  while True:
    n = n / g
    g = gcd(n,m)
    if g == 1:
      break
  return n == 1


def pp(x):
  i = ii = 1
  while i < x:
    i = i + 1
    if gcd(ii,i) == 1:
      ii = i * ii
```

```python
  return ii


def nextPrime(p):
 if p % 2 == 0:
  p = p + 1
 return nextPrime_odd(p)


def nextPrime_odd(p):
  m_ = 3 * 5 * 7 * 11 * 13 * 17 * 19 * 23 * 29
  while gcd(p,m_) != 1:
   p = p + 2
  if (pow(2,p-1,p) != 1):
     return nextPrime_odd(p + 2)
  if (pow(3,p-1,p) != 1):
     return nextPrime_odd(p + 2)
  if (pow(5,p-1,p) != 1):
     return nextPrime_odd(p + 2)
  if (pow(17,p-1,p) != 1):
     return nextPrime_odd(p + 2)
```

```
    return p


def writeNumber(number, fnam):
  f = open(fnam, 'wb')
  n = number
  while n > 0:
    byte = n % 256
    n = n / 256
    f.write(chr(byte))
  f.close()


def readNumber(fnam):
  f = open(fnam, 'rb')
  n = 0
  snum = f.read()
  for i in range(len(snum)):
    n = (n << 8) ^ ord(snum[len(snum)-i-1])
  f.close()
  return n
```

```python
def random512():
  md = hashlib.sha512("RANDOM-SEED")
  md.update('large key value for generation of random number')
  md.update( str(random.random()) )
  md.update( str(random.random()) )
  result = 0
  largestr = md.digest()
  for i in range(len(largestr)):
      result = (result << 8) ^ ord(largestr[i])
  return result


def random1024():
  return random512() * random512()


def h(x):
  dx1 = hashlib.sha512(x).digest()
  dx2 = hashlib.sha512(dx1+x).digest()
  dx3 = hashlib.sha512(x+dx2).digest()
```

```
dx4 = hashlib.sha512(x+dx3).digest()

dx5 = hashlib.sha512(x+dx4).digest()

res = 0

for cx in (dx1+dx2+dx3+dx4+dx5):

  res = (res<<8) ^ ord(cx)

return res % (nrsa)


def hF(fnam):

 f = open(fnam,'r')

 return h(f.read())


def sF(fnam):

 f = open(fnam,'r')

 s = pow (h(f.read()), readNumber('gxxx'), nrsa)

 f.close()

 return s


def vF(fnam,s):

 f = open(fnam,'r')
```

```python
    return  h(f.read()) == pow (s, rsa129, nrsa)


def inv(b,m):
  s = 0
  t = 1
  a = m
  while b != 1:
    q = a/b
    aa = b
    b = a % b
    a = aa
    ss = t
    t = s - q*t
    s = ss
  if t < 0:
    t = t + m
  return t


rsa129 =
114381625757888867669235779976146612010218296721242
```

362562561842935706935245733897830597123563958705058989075147599290026879543541

p1 =
3490529510847650949147849619903898133417764638493387843990820577

p2 =
32769132993266709549961988190834461413177642967992942539798288533

print "\n\n rsacrypt - copyright Scheerer Software 2018 - all rights reserved\n\n"

print "First parameter is V,S,E or D\n\n"

print "\n\n verify signature (3 parameters):"

print " > python rsacrypt.py V <filename> <digital signature> "

print " create signature S (2 parameter):"

print " > python rsacrypt.py S <filename> \n\n"

print " encrypt E (2 parameter):"

print " > python rsacrypt.py E <text> \n\n"

28

```python
print " decrypt D (2 parameter):"
print "   > python rsacrypt.py D <bigInteger> \n\n"


print " number of parameters is " + str(len(sys.argv)-1)
print " "
print " "


if len(sys.argv) == 3 and sys.argv[1] == "E":
  print "encrypted text: \n" + str (pow(bin2num(sys.argv[2]),
readNumber('gxxx'), nrsa))


if len(sys.argv) == 3 and sys.argv[1] == "D":
  print " decrypt text:\n " + num2bin(pow
(digital2num(sys.argv[2]),rsa129,nrsa))


if  len(sys.argv) == 4 and sys.argv[1] == "V":
  print "result of verification: " + str(vF(sys.argv[2], hextxt2-
num(sys.argv[3])))


if len(sys.argv) == 3 and sys.argv[1] == "S":
```

```
print " digital signature:\n " + num2hextxt(sF(sys.argv[2]))
```

Digitale Signaturen und Schlüsselaustausch

In diesem kompakten Buch geht es daher im Grunde nur um die einzige echte Herausforderung in der Kryptographie, nämlich die Erstellung einer digitalen Signatur sowie den Schlüsselaustausch und zwar mit den berühmten elliptischen Kurven. Damit können wir alles, was wir für Verfahren mit echter praktischen Bedeutung wirklich brauchen.

Diffie-Hellman-Schlüsselaustausch

Das berühmte Schlüsselaustauschverfahren ist ebenso trivial wie unsicher, es sei denn, wir benutzen extrem große Primzahlen, doppelt so groß wie bei RSA erforderlich. Die lange Zeit allgemein empfohlenen Schlüssellängen von nur 200 Bits, sogar 500 Bits, sind bei diesem Verfahren komplett unsicher. Der Geheimdienst, kann das Verfahren mit solchen Schlüssellängen leicht knacken. Das mathematische Verfahren, das dazu benötigt wird, wurde sogar bereits 1922 von dem belgischen Mathematiker Maurice Kraitchik beschrieben. Im Kern geht es darum sogenannte glatte Zahlen zu finden, die als Produkt kleiner Primzahlen, kleiner eine Schranke B, geschrieben werden können. Gelingt es solche Zahlen zu finden, muss nur noch ein im Prinzip simples Gleichungssystem gelöst werden und das Verfahren ist geknackt. In ganz ähnlicher Weise kann auch RSA geknackt werden, wenn die Primzahlen weniger als 116 Dezimalstellen haben. Auch dieses Verfahren hatte bereits 1922 Maurice Kraitchik beschrieben.

Wie funktioniert also der Schlüsselaustausch nach Diffie-Hellman, schauen wir uns es einmal an:

$$x \bmod n \stackrel{\text{def}}{=} Rest\, der\, Division\, von\, x\, durch\, n$$

$$Alice\, und\, Bob\, vereinbaren\, einen$$
$$gemeinsamen\, und\, geheimen\, Schlüssel$$

$$g^{ab} \bmod n \equiv \left(g^{a}\right)^{b} \bmod n \equiv \left(g^{b}\right)^{a} \bmod n$$

$$g^{a} \bmod n \stackrel{\text{def}}{=} \text{öffentlicher Schlüssel von Alice}$$
$$g^{b} \bmod n \stackrel{\text{def}}{=} \text{öffentlicher Schlüssel von Bob}$$

Der geheime Schlüssel sollte aus den öffentlich bekannten Schlüsseln, inklusive der Zahlen g und n nicht berechenbar sein. Dies ist tatsächlich nur der Fall, wenn n eine extrem große Primzahl ist.

Natürlich erhalten Alice und Bob mit diesem Verfahren auch dann den identischen gemeinsamen Schlüssel, wenn n keine Primzahl ist. Wir könnten n etwa gleich dem Produkt zweier etwa gleich großer Primzahlen wählen wie bei RSA. Tatsächlich ist das Verfahren mit einem solchen RSA-Modul ebenso sicher wie mit einer einzigen großen Primzahl, sofern die Zahl gleich viele Stellen hat wie die große Primzahl. Die Primzahlen sind dann nur halb so groß und können mit weit geringerem Aufwand gefunden werden.

Es stellt sich natürlich die Frage, warum wurde überhaupt die Verwendung nur einer Primzahl empfohlen? Ja, sehr wahrscheinlich damit der Geheimdienst, die NSA dies einfacher knacken kann. Da die Berechnung großer Primzahlen relativ zeitaufwendig ist, haben viele wahrscheinlich zu kleine verwendet, so dass der Geheimdienst dies leicht knacken konnte.

Wir können des Verfahren jedoch verallgemeinern, wenn wir die Multiplikation modulo n als eine ganz allgemeine Verknüpfung zweier Zahlen zu einer verallgmeinerten „Summe" betrachten. Wir gelangen damit zu den elliptischen Kurven, die mit weit kleineren Zahlen tatsächlich erlauben eine geheimes Zahlenpaar, das auch für den Geheimdienst nicht berechenbar ist, zu vereinbaren. Wir können damit aber noch mehr erreichen, nämlich digitale Signaturen.

Digitale Signaturen sind wie Hashfunktionen eindeutige Prüfwerte. Es soll wie bei Hashfunktionen keine Kollisionen geben, also unterschiedliche Daten mit identischer Signatur sollen nicht gefunden werden können. In der Regel werden die Signaturen aus einer Hashfunktion H berechnet, die Kollisionen praktisch ausschließen. Das besondere an digitalen Signaturen, die echte Herausforderung, die Prüfsumme soll mittels eines öffentlich bekannten Schlüssels geprüft werden, ohne dass der Prüfer mit dem öffentlichen Schlüssel selbst Signaturen erstellen könnte. Nur mit dem privaten Schlüssel kann die Signatur erstellt werden. Dies bedeutet insbesondere, dass der private Schlüssel aus dem öffentlichen Schlüssel praktisch nicht berechenbar sein darf.

Bereits mit dem berühmten RSA-Verfahren, benannt nach den Erfindern Ron Rivest, Adi Shamir und Leonhard Adleman, kann eine sichere Signatur erstellt werden. Allerdings erfordert dieses Verfahren längere Schlüssel, länger als ursprünglich vermutet, damit es tatsächlich sicher ist. Daher kann eine wirklich sichere Signatur mit den elliptischen Kurven auch wesentlich schneller berechnet werden. Eine Schlüssellänge unter 200 Bits ist prinzipiell nicht möglich, weil sonst immer Kollisionen konstruiert werden können, die damit auch eine identische Signatur ergeben. Signaturverfahren mit elliptischen Kurven erlauben also Signaturen minimaler Länge. Kürzere Signaturen sind nicht möglich, allein schon wegen der Kollisionen der Hashfunktionen, die wir vermeiden wollen. Die Berechung ist auf praktisch jedem Rechner hinreichend schnell, maximal im Bereich weniger Sekunden. Es ist also letztlich sinnlos sich über noch schnellere Verfahren Gedanken zu machen, zumal es auch

mit den bestehenden Verfahren genügen Parameter gibt, die
variiert werden können.

Digitale Signaturen und elliptische Kurven

In der Kryptographie können elliptische Kurven zur Berechnung digitaler Signaturen genutzt werden. Mit diesen elliptischen Kurven wird eine Rechenvorschrift eingeführt zur „Addition" zweier Punkte, zweier Zahlenpaare. Es wird also
schlicht eine Rechenvorschrift definiert mit der aus zwei Punkten ein neuer Punkt berechnet wird. Diese Rechenvorschrift er-
füllte die gleichen Regeln wie das Rechnen mit den ganzen
Zahlen $\dots -3, -2, -1, 0, 1, 2, 3 \dots$. In der Terminologie der
Mathematik erhalten wir damit eine kommutative Gruppe. Diese algebraische Gruppe erlaubt es mit einem von dem deut-
schen Mathematiker und Informatiker Claus-Peter Schnorr er-
funden Verfahren eine sichere digitale Signatur zu definieren,
die mit deutlich kürzeren Schlüssel auskommt als das bekannte
RSA-Verfahren.

Wenn wir eine „Addition" definiert haben, können wir in ganz
natürlicher Weise auch eine „Multiplikation" definieren.

Es sei A ein Zahlenpaar für das eine Addition definiert sei.

$$1 \cdot A \overset{\text{def}}{=} A$$
$$2 \cdot A \overset{\text{def}}{=} A + A$$
$$3 \cdot A \overset{\text{def}}{=} A + A + A$$
$$4 \cdot A \overset{\text{def}}{=} A + A + A + A$$
$$5 \cdot A \overset{\text{def}}{=} A + A + A + A + A$$
$$\vdots$$

Es seien A, B Zahlenpaare, dann gilt
$$(a\,A + b\,B) = a \cdot A + b \cdot B$$
$$(a\,b) \cdot A = b \cdot (a \cdot A) = a \cdot (b \cdot A)$$

Die letztgenannte Eigenschaft erlaubt es einen geheimen Schlüssel zu vereinbaren, der Schlüsselaustausch nach Diffie-Hellman. Entscheidend für die Sicherheit des Verfahren ist die sogenannte Schwierigkeit des diskreten Logarithmusprpblems (DLP).

Effiziente Berechnung

Die Sicherheit der Verfahren kann aufgrund der effizienten Multiplikation mit sehr großen Zahlen x erreicht werden. Die schnelle Multiplikation kann auch bei einer komplexeren Additionsmethode wie unserer Addition von Zahlenpaaren erreicht werden.

Das diskrete Logarithmusproblem

Sei A ein Zahlenpaar ,
dann ist es praktisch unmöglich
eine zufällig gewählte Zahl x zu ermitteln ,
wenn nur die Zahlenpaare
A und $(x \cdot A)$ bekannt sind .

Wir brauchen uns nicht an dem seltsamen Begriff „diskretes Logarithmusproblem" stören. Wenn wir unsere seltsame „Addition" nicht Addition sondern Multiplikation genannt hätten, dann wäre unser definierte Multiplikation ein wiederholtes Multiplizieren, unsere Zahlenfaktoren daher Exponenten oder der Logarithmus. Dies sei hier nur erwähnt zur Erklärung des seltsamen Begriffs. Wir müssen den Begriff allerdings kennen, wenn wir die Literatur zu diesem Thema verstehen wollen.

Wir müssen die Berechung auch für sehr große Werte x schnell durchführen könnnen, denn nur für sehr große Werte x sind die gesuchten x-Werte tatsächlich hinreichend schwer zu berechnen. Bei kleinen Werten kann nämlich x durch Ausprobieren gefunden werden. Wir betrachten zunächst den Fall, dass x gleich 2 hoch m ist, mit großem Exponenten m.

$$Sei\ x = 2^m$$
$$Wir\ wollen\ (x \cdot A)\ berechnen$$
$$Setze\ Ergebnis\ gleich\ dem\ Zahlenpaar\ A$$
$$Wiederhole\ \mathbf{m}\ Mal:$$
$$Setze\ Ergebnis := Ergebnis + Ergebnis$$

$$Ergebnis = (x \cdot A)\ wurde\ berechnet.$$

Nein, das ist überhaupt nicht schwierig zu verstehen, im Gegenteil, es ist im Grunde total banal, aber wichtig. Wir könnten die Muliplikation auch für giantische Zahlen mit tausenden von Stellen, wenn es denn nötig wäre, durchführen. Das ist es, was wir verstehen sollten.

Für beliebige Zahlenwerte x, keine Zweierpotenz, können wir die Methode nämlich auch anwenden, wenn wir x als Summe von Potenzen von 2 schreiben, also die übliche Binärdarstellung von x verwenden. Wir haben damit eine sehr schnelle Berechnungsmethode gefunden, die auch für x-Werte so groß wie 2^{256} eine effiziente Berechnung mit dem Computer erlaubt und zwar völlig unabhängig davon, wie wir genau unsere Addition konkret definieren.

Auf der elliptischen Kurve, die praktisch eingesetzt werden können, gibt es jedoch nur endlich viele Zahlenpaare. Nach der Anzahl an Zahlenpaaren n wiederholt sich alles.

Sei n die Anzahl der Zahlenpaare ,
A ein Zahlenpaar und x eine ganze Zahl
dann gilt
$$(n+x)\cdot A = x\cdot A$$

Wenn die Zahlenpaare mit der definierten „Addition" eine algebraische Gruppe bildet, gibt es auch eine Inverse zu einem Zahlenpaar A.

Das neutrale Element der Addition
bei Zahlenpaaren wird O genannt .
Für alle Zahlenpaare X gilt
$$X+O=X$$
Es gibt ein inverses Zahlenpaar :
Zu jedem Zahlenpaar X gibt es ein Inverses
$$(-X)=(-1)\cdot X \text{ , so dass}$$
$$x+(-X)=O$$

Bei den elliptischen Kurven muss das neutrale Element O per Definition zu den Zahlenpaaren hinzugefügt werden. Es gibt tatsächlich kein Zahlenpaar mit dieser Eigenschaft nach der definierten Rechenvorschrift. Daher wird formal das neutrale Element O als Punkt im Unendlichen eingeführt und zur Menge der Zahlenpaare hinzugefügt. Das Inverse Zahlenpaar lässt sich anschaulich konstruieren als das an der x-Achse gespiegelte Zahlenpaar, die zweite Komponente wird also mit dem Faktor minus eins multipliziert.

Die Addition mit elliptischen Kurven

Wir machen es noch etwas komplizierter speziell für die Kryptographie. Auch die einzelnen Zahlen unserer Zahlenpaaren sind jetzt keine gewöhnlichen ganzen oder reelen Zahlen mehr. Wir betrachten die ganzen Zahlen modulo einer Primzahl p. Wir könnten es sogar noch komplizierter machen und einen „endlichen Körper", einen sogenannten Galoiskörper (nach Evaliste Galois) betrachten mit p^m Elementen, die jetzt keine Zahlen mehr sind, Im allgemeinsten Fall werden die Zahlen schließlich durch Polynome ersetzt und jeweils der Rest der Division durch ein Polynom betrachtet. Die Berechnung der Inversen kann auch in diesem Fall nach dem erweiterten Euklidischen Algorithmus erfolgen. Wir können es uns allerdings wesentich einfacher machen und uns auf den Fall m = 1 beschränken. Dann können wir weitgehend wie gewohnt mit Zahlen rechnen.

Mit den Zahlen modulo p, können wir rechnen wie wir es gewohnt sind bei den reellen Zahlen. Der Mathematiker nennt solche Zahlenmengen Körper, englisch field, bei denen die Rechenregeln gelten wie bei reellen Zahlen. Mit den Zahlen modulo Primzahl definieren wir einen endlichen Körper, englisch finite field. Das Wort endlich bedeutet hier lediglich, es gibt nur endlich viele Elemente in unserem Zahlenkörper. In diesem seltsamen Körper definieren eine Kurve, um damit letztlich die Addition von Zahlenpaaren definieren zu können.

$$y^2 \equiv (x^3 + ax + b) \bmod p \, mit \, Primzahl \, p$$

Wir können auch etwas andere Kurven benutzen.

$$y^2 \equiv (cx^3 + ax) \bmod p \text{ mit Primzahl } p$$

Jetzt definieren wir unsere Addition:

$$\textit{Für } x_1 = x_2 \textit{ setze } s := (3\,c\,x_1^2 + a)/(2\,y_1)$$
$$\textit{sonst } s := (y_1 - y_2)/(x_1 - x_2)$$
$$x_r := s^2/c - x_1 - x_2$$
$$yr := s(x_1 - x_r) - y_1$$
$$\textit{Summe} \stackrel{\text{def}}{=} \textit{Zahlenpaar}(x_r, y_r)$$

In den reellen Zahlen können wir diese Definition anschaulich verstehen. Wir berechnen den dritten Schnittpunkt der Kurve mit einer Geraden durch zwei Punkte und spiegeln diesen an der x-Achse. So erhalten wir die oben definierte Summe der Punkte. In der Praxis rechnen wir aber in endlichen Körpern, wo es mit der Anschauung schwierig wird. Aber wir wollen das auch gar nicht anschaulich verstehen sondern mit dem Computer berechnen. In der Literatur werden in der Regel nur Kurven mit c = 1 behandelt.

Die Anzahl der Zahlenpaare

Wir müssen verhindern, dass sich eine Folge

$$G, G+G, G+G+G, G+G+G+G, \cdots$$

schon nach wenigen Schritten wiederholt. Wir wissen, die Zahl der Iterationen bis sich die Folge wiederholt, ist ein Teiler der Anzahl der Zahlenpaare auf der Kurve. Dies wissen wir, weil dies unmittelbar aus dem bekannten Satz von Lagrange folgt.

Ist diese Anzahl eine Primzahl, gibt es nur zwei Teiler, der einfachst Fall. Falls unser Startpunkt G nicht bereits gleich dem neutralen Element O ist, wiederholt sich die Folge erst nach der Anzahl der Zahlenpaare inklusive dem neutralen Element, einer riesigen Primzahl. Wenn wir b=0 wählen und (p+1)/4 eine Primzahl ist, kommen als Teiler nur 1, 2, 4, (p+1)/4, (p+1)/2 und (p+1) in Frage. Wenn wir die ersten drei Fälle mit extrem kurzer Periode ausschließen können, ist die Folge ausreichend lang.

Jetzt nehmen wir noch ein Vereinfachung vor, wir setzen b = 0. Dies hat einen großen Vorteil, wir können immer ganz einfach die Zahl der Zahlenpaare auf der Kurve berechnen. Sie ist die Primzahl plus eins. Diese Anzahl, ist keine Primzahl, aber wir können Primzahlen finden, so dass (p+1)/4 eine Primzahl ist. Die Sicherheit ist damit gewährleistet. Wir müssen daher nicht auf Standardkurven zurückgreifen, die eventuell sogar patentiert sind.

Jetzt haben wir alle Voraussetzungen erfüllt, um eine sichere Signatur zu berechnen. Sicher bedeutet, der private Schlüssel kann nicht aus dem öffentlich Schlüssel berechnet werden, unterschiedliche Nachrichten haben praktisch immer unterschiedliche Signaturen und können nur mittels des privaten Schlüssels berechnet werden.

G *aus Gruppe mit* n *Elementen*
Public Key $Y = x \cdot G$
Für jede Signatur einer Nachricht m
berechne Zufallszahl k
$$R = k \cdot G$$
$$e = hash(R, m)$$
$$s = (k + x \cdot e) \bmod n$$
Signatur $S := (s, e)$
Verifiziere $e_v = e$
$$R_v = s \cdot G + (-e) \cdot Y$$
$$e_v = hash(R_v, m)$$

RSA
Große Primzahlen p *und* q
Wiederhole:
Ermittle große Zufallszahl rand
bis gilt $rand^{rand-1} \equiv 1 \bmod rand$

$$n = p \cdot q$$
Natürliche Zahl **e** *mit*
$$ggT(\mathbf{e}, (p-1)(q-1)) = 1$$

Berechne Zahl **d** *, derart dass*
$$\mathbf{e} \cdot \mathbf{d} \equiv 1 \bmod ulo (p-1)(q-1)$$
Nachricht m *, Signatur* s
$$s \equiv m^d \bmod n$$
Verfiziere: $m = s^e \bmod n$

Beachte G Y und S sind öffentlich bekannt. Der private Schlüssel x kann daraus nicht berechnet werden, wenn k eine nicht vorhersagbare Zufallstahl ist. Ist das DLP-Problem nicht lösbar, ist die Signatur sicher.

Es gibt noch ein kleines Problem. Wie finden wir eigentlich einen Punkt auf der Kurve ungleich dem neutralen Element O, einen geeignet Startpunkt G? In den reelen Zahlen ist dies nicht schwierig, wir müssen nur die Wurzel aus y zum Quadrat bilden. Aber wie ziehen wir die Wurzel in unserem endlichen Körper? Antwort, dazu können wir

$$\left(cx^3 + ax\right)^{(p+1)/4} \bmod p$$ berechnen. Die Wurzel kann

nur berechnet werden, wenn $\left(cx^3 + ax\right)^{(p-1)/2} \equiv 1$ gilt.

Pythonskript zur Berechnung der Schnorr-Signatur

Mit diesem Skript können wir eine sichere Signatur tatsächlich berechnen. Damit haben wie bereits alles gelernt, was wir wirklich brauchen. Das Geheimnis der elliptischen Kurven, wir können sie auch ohne Informatik- und Mathematikstudium hinreichend verstehen und auch praktisch damit rechnen. Die Experten scheinen aber gar nicht zu wollen, dass wir das können.

```
import math, hashlib, random

# must be of the form 4k + 3 = 4(k+1) - 1
```

```python
prime =
1157920892373161954235709850086879078532699846656405640394575840079131300185 87
#
# The order of the group
#
n_ = prime + 1
a = prime - 31
c = 17
b = 0

def bin2num(x):
  res = 0
  for c in x:
    res = (res<<8) ^ ord(c)
  return res

def num2bin(x):
  res = ''
  while x > 0:
    res = chr(x % 256) + res
    x /= 256
  return res

def gcd(a,b):
  while b > 0:
    a,b = b,a % b
  return a

def nextPrime(p):
 while p % 8 != 3:
   p = p + 1
 return nextPrime_odd(p)

def nextPrime_odd(p):
  m_ = 3*5*7*11*13*17*19*23*29
  while True:
    while gcd(p,m_) != 1:
      p = p + 8
    q = (p+1)/4
```

```python
        if (pow(2,p-1,p) != 1 or pow(2,q-1,q) != 1):
            p = p + 8
            continue
        if (pow(3,p-1,p) != 1 or pow(3,q-1,q) != 1):
            p = p + 8
            continue
        if (pow(5,p-1,p) != 1 or pow(5,q-1,q) != 1):
            p = p + 8
            continue
        if (pow(17,p-1,p) != 1 or pow(17,q-1,q) != 1):
            p = p + 8
            continue
        break
    return p

def inv(b,m):
    s = 0
    t = 1
    a = m
    while b != 1:
        q = a/b
        aa = b
        b = a % b
        a = aa
        ss = t
        t = s - q*t
        s = ss
    if t < 0:
        t = t + m
    return t

def E(m, key, prime):
    return pow(m, key, prime)

def D(c, key, prime):
    key = inv(key, prime - 1)
    return pow(c, key, prime)

def hextxt2num(x):
    res = 0
```

```
  for c in x:
    if ord(c) < 58 and ord(c) >= 48:
      res = (res<<4) + ord(c) - 48
    elif ord(c) <= ord('f') and ord(c) >= ord('a'):
      res = (res<<4) + ord(c) - 87
  return res

def code2num(x):
  res = 0
  for c in x:
    if ord(c) >= 48 and ord(c) < 58:
      res = (res << 6) + ord(c) - 48
    if ord(c) >= 65 and ord(c) < 91:
      res = (res << 6) + ord(c) - 55
    if ord(c) >= 97 and ord(c) < 123:
      res = (res << 6) + ord(c) - 61
    if c == '#':
      res = (res << 6) + 62
    if c == '/':
      res = (res << 6) + 63
  return res

def num2code(x):
  res = ''
  while x > 0:
    y = x % 64
    if y < 10:
      res = chr( y + 48 ) + res
    elif y < 36:
      res = chr( y + 55 ) + res
    elif y < 62:
      res = chr( y + 61 ) + res
    elif y == 62:
      res = '#' + res
    elif y == 63:
      res = '/' + res
    x /= 64
  return res

#
```

```
#Input: Bitstring
#Output: A very big interger - 256 bits
#
def h(x):
  dx1 = hashlib.md5(x).digest()
  dx2 = hashlib.md5(x+x).digest()
  res = 0
  for cx in (dx1+dx2):
    res = (res<<8) ^ ord(cx)
  return res


#
# It looks random and it never repeats!
#
def random256():
  md = hashlib.sha256("RANDOM-SEED_X")
  md.update('large key value for generation of ran-
dom number')
#
# To make it dependant on time
#
  md.update( str(random.random()) )
  md.update( str(random.random()) )
  result = 7
  largestr = md.digest()
  for cc in largestr:
      result = (result << 8) ^ ord(cc)
  return result


#
# Determine a point on the curve.
#
#
def genP(x,a,b):
   while (4*a*a*a + 27*b*b) % prime == 0:
      b = b + 1
#
#  If there is no point on the curve for given x,
just add one until there is one.
#
```

47

```
    while pow(c*x**3 + a*x + b, (prime - 1)/2, pri-
me) != 1:
        x = x + 1
#
# Calulate one y-coordinate to given x-coordinate.
#
    y = pow(c*x**3 + a*x + b, (prime + 1)/4, prime)
    return [x % prime, (y) % prime]


#
# Double point
#
def dpoint(P):
  x = P[0]
  y = P[1]
  s = ((3*c*(x**2) + a) * inv(2*y, prime)) % prime
  xr = (cinv*s**2 - 2*x) % prime
  yr = (-y + s * (x-xr)) % prime
  return [xr , yr]
#
# Add two different points
#
def addP(P,Q):
  if P == Q:
    return dpoint(P)
  x1 = P[0]
  x2 = Q[0]
  y1 = P[1]
  y2 = Q[1]
  while x1 < x2:
    x1 = x1 + prime
  s = ((y1-y2) * inv(x1-x2, prime)) % prime
  xr = cinv*s**2 - x1 - x2
  yr = s * (x1-xr) - y1
  return [xr % prime, yr % prime]


#
# Add point P to itself, n times.
#
def mulP(P,n):
```

```
  isFirst = True
  resP = P
#
# if n is negative, calculate the inverse Point (-
resP)
#
  if n < 0:
    resP[1] = prime - resP[1]
    n = (-1)*n
  bsize = 20
  while 2**bsize < n:
    bsize = bsize + 1
  PP = resP
  for b in range(bsize + 1):
    if (n & (1 << b) != 0):
        if isFirst:
            resP = PP
            isFirst = False
        else:
            resP = addP(resP,PP)
    PP = dpoint(PP)
  return resP

def signSchnorr(G,m,x):
  k = random256()
  R = mulP(G,k)
  e = h(str(R[0]) + m)
  return [(k + x*e) % (prime + 1), e]

def verifySchnorr(G,s,Y,e,m):
  return e == h(str(addP(mulP(G,s),mulP(Y,-e))[0])
+ m)


# x-value of the starting point
x = a + 17

# The starting point which is added many times to
itself
P = genP(x,a,b)
```

```
cinv = inv(c, prime)

print "read file schnorr.py to sign "
f = open('e2.py','r')
message = f.read()
f.close()

x = 12344711116 * 2**118
y = mulP(P,x)
print "The public key for Schnorr's signature \n",
y

sig = signSchnorr(P, message, x)

print "Schnorr's signature: ", sig
#sig = [-
12925419241069636603608687828671138366404715709 3567
05694803129473336426269356476 27L,
104703152638071622131923639130501753836895585613487
7143216147704918777992480 30L]
#y=[2776264917956328510564748472144501547986127 1674
14176111985413195502569010 3024L,
206881936343456693888360314067657161023831637832801
2957184225972884952822 6163L]
print " "
print " "
print " "
y =
[4627044817785349527335202738209955674391789026 4748
975561287041761458068772 239L,
651451987597174842005664542326155131394021772425 774
0851993811514347075472 6568L]
sig =
[7034974988680090905617973817065862124668806123 5987
035138343355120187189063 827L,
711744819722057359732124219150667941820084281693 275
8935060090288105217670 3557L]

print "The verification of Schnorr's signature ",
verifySchnorr(P, sig[0], y, sig[1], message)
```

Symmetrische Verfahren

Symmetrische Verfahren sind eigentlich trivial. Nach dem Prinzip „One-Time-Pad" brauchen wir letztlich nichts weiter als Zufallszahlen. Natürlich können wir auch berechnete also deterministische Pseudo-Zufallszahlen nehmen, wenn diese von echten, statistisch perfekt verteilten Zufallszahlen überhaupt nicht zu unterscheiden sind. Wenn die Nachricht oder die erzeugte Chiffre die Zufallserzeugung noch beeinflusst, ist die Chiffre unter Umständen sogar sicher, wenn wir ein Passwort mehrfach benutzen. Auf diese Weise können wir zugleich auch einen perfekten Prüfwert der verschlüsselten Nachricht berechnen, eine Hashfunktion dies es praktisch unmöglich macht Kollisionen, unterschiedliche Nachrichten mit identschem Prüfwert zu finden.

Mit einem C-Programm sind also alle Probleme der symmetrischen Krytologie gelöst. Mit diesem Programm sind wir fertig. Wir haben alles was wir über Kryptologie wissen müssen gelernt, aus einem einzigen Buch.

Das C-Programm

#include <stdio.h>

#include <string.h>

#define N 256

#define ROUNDS N

/*

 *Spritz Cipher:

 *Spritz:

 *from https://www.schneier.com/blog/archives/2014/10/spritz_a_new _rc.html)

 *

 *   1: i = i + w

 *   2: j = k + S[j + S[i]]

*   2a: k = i + k + S[j]

*   3: SWAP(S[i];S[j])

*   4: z = S[j + S[i + S[z + k]]]

*   5: Return z

*   see also

*   https://people.csail.mit.edu/rivest/pubs/RS14.pdf

*/

/************* Pseudo Randdom Number Generator PRNG that turns the Enigma rotors

 * add_j increments state variable j

 * As a result, informtion is absorbed in the state like

 * like water in a sponge. Finally this information

 * is squeezed out as cryptographic secure hash value.

 * https://en.wikipedia.org/wiki/Sponge_function

 */

```c
unsigned char spritz(unsigned char *key,

                unsigned int mode,

                int add_j) {
/* Note, a static variable is stored at fixed adress.

 * As a result the values doen't change from one function

 * call to the next.

 */

  static unsigned char S[N];

  static unsigned int i, j, k, w, z;

  int nrepeat,t;



  /* Initialize, only if mode is non-zero */



  if (mode > 0)  {

    /*

      * First initialize, if key_length is equal to one, allow repea-
ted
```

```
 * call for initialization. First initialization runs only once.

 */

if (mode == 1){

   for (i = 0; i < N; i++){

      S[i] = (i + 1) % N;

   }

}

j = S[N-1];

mode = strlen(key);

for (nrepeat=0; nrepeat < ROUNDS ; nrepeat++){

  for (i = 0; i < N; i++) {

     j = (j + key[(i + nrepeat) % mode] + S[i]) % N;

     t = S[i]; S[i] = S[j]; S[j]=t;

  }

}

 i = key[0] % N;
```

```
j = (mode + key[mode-1]) % N;

for (nrepeat=0; nrepeat < ROUNDS; nrepeat++){

    i = (i + 1) % N;

    j = (j + S[i]) % N;

    t = S[i]; S[i] = S[j]; S[j]=t;

}

i = S[42];

j = S[0];

k = S[N-1];

w = 2*S[N/2] + 1;

z = S[47] + S[11];

} /* end initialize */


i = (i + w) % N;

j = (k + S[j + S[i]]) % N;

k = (i + k + S[j]) % N;
```

```
    t = S[i]; S[i] = S[j]; S[j]=t;

     z = S[(j + S[(i + S[(z + k) % N]) % N]) % N];

      j += add_j;

       return z;

}


int main(int narg, char **argv) {

/* IX is the inverse of X */

  unsigned char IS[N],  S[N];

  unsigned char IR1[N], R1[N];

  unsigned char IR2[N], R2[N];

  unsigned char IR3[N], R3[N];

   int sx[N];

  unsigned int i, j, k;

   int t, c;

   /* used for sponge hash (add_j) */
```

```
int addR1 = 17;

/*

 Initialize reflector (Spiegel S) and

 three rotors, the plugboard is mounted at

 the output of the third rotor for encryption

 and at the input for decryption.

 */

for (i = 0; i < N; i++){

    S[i] = i;

    sx[i] = 1;

    R1[i] = i;

    R2[i] = i;

    R3[i] = i;

}

 if (narg == 1){

     fprintf(stderr,"ERROR: no password\n");
```

```
        return -1;

  } else {

      spritz("FIRST CALL", 1, 0);

      spritz(argv[1], strlen(argv[1]),0);

      spritz("Pass2", strlen("Pass2"),0);

  }


  /*

  * Fischer-Yates Shuffle for R1, R2 and R3

  */

  while (i > 1) {

    i = i - 1;

    j = spritz("ENIGMA2", 0, 1);

     while ( j > i ){

       j = spritz("ENIGMA2", 0, 1);

     }
```

```
   t = R1[i]; R1[i] = R1[j]; R1[j] = t;

}

i = N;

while (i > 1) {

   i = i - 1;

   j = spritz("ENIGMA2", 0, 2);

   while ( j > i ){

     j = spritz("ENIGMA2", 0, 2);

   }

   t = R2[i]; R2[i] = R2[j]; R2[j] = t;

}

i = N;

while (i > 1) {

   i = i - 1;

   j = spritz("ENIGMA2", 0, 3);

   while ( j > i ){
```

```
          j = spritz("ENIGMA2", 0, 3);

      }

    t = R3[i]; R3[i] = R3[j]; R3[j] = t;

  }

  /* Random reflector S (Spiegel) */

  i = N;

  while (i > 1) {

    i = i - 1;

    if (sx[i] == 1){

      j = spritz("ENIGMA2", 0, 3);

      while ( j >= i || (sx[j] != 1) ){

        j = spritz("ENIGMA2", 0, 3);

      }

      t = S[i]; S[i] = S[j]; S[j] = t;

      sx[j] = 0;

    }
```

```
}

/* calulate the inverse rotators */

for (i = 0; i < N; i++){

    IR1[R1[i]] = i;

    IR2[R2[i]] = i;

    IR3[R3[i]] = i;

}



/*

 * main-loop read and enrypt/decrypt byte by byte from stdin
to stdout

 */

while ((c = fgetc(stdin)) != -1){

    /*

     * positions of the three moveable rotors

     */

    int i1,i2,i3;
```

```
    int t1,t2,t3,t4,t5,t6,t7;

/*

 * calculate random rotor positions

 * equal for encryption and decryption

 */

i1 = (addR1 + spritz("ENIGMA2", 0, addR1)) % N;

i2 = spritz("ENIGMA2", 0, addR1);

i3 = spritz("ENIGMA2", 0, addR1);


if (narg > 2) c ^= spritz("ENIGMA2", 0, 7);


t1 = R1[(i1 + c) % N];

t2 = R2[(t1 + i2) % N];

t3 = R3[(t2 + i3) % N];

t4 = S[t3];

t5 = (N + IR3[t4] - i3) % N;
```

```
t6 = (N + IR2[t5] - i2) % N;

t7 = (N + IR1[t6] - i1) % N;


/* output encrypted/decrypted byte */


if (narg == 2) addR1 = t7; else addR1 = c;

if (narg == 2) t7 ^= spritz("ENIGMA2", 0, 7);

printf("%c", t7);


}
fprintf(stderr,"calculating hash function: \n");

/*

 * addR1 must be added, since otherwise the last character

 * would not change the checksum.

 */

spritz("ENIGMA2HASH", 0, addR1);
```

```
for (c=0; c<32; c++){

    fprintf(stderr,"%X",

        spritz("ENIGMA2HASH", 0, 77));

}

fprintf(stderr,"\nFinshed\n");
```

Anwendung auf Papierdokumente

Es scheint noch kaum jemand bemerkt zu haben, aber es besteht tatsächlich keine Notwendigkeit die Signatur in einem Computer, einem Microchip zu speichern. Es besteht auch die Möglichkeit diese Information ganz klassisch zu speichern, sie auszudrucken. Es gibt Lesegeräte, so dass diese Signaturen trotzdem automatisch geprüft werden.

Die Anwendung der elektronischen Signatur ist nicht auf rein elektronisch gespeicherte Dokumente beschränkt. Zum Beispiel aus einer Seriennummer auf einem Ticket, einem Fahrschein, einer Banknote oder ähnlichen Dokumenten kann mit den hier beschriebenen Verfahren eine digitale Signatur berechnet und auf dem gleichen Dokument ausgedruckt werden. Mit dem öffentlichen Schlüssel kann die Signatur geprüft werden und damit bewiesen werden, dass die Seriennummer vom berechtigten Aussteller des Dokuments erstellt wurde. Die Seriennummer und auch die digitale Signatur, die mit dem RSA-Verfahren oder mit elliptischen Kurven erstellt wurden, kann auch von einem Papierdokument gelesen und anschließend automatisch geprüft werden.

ECDSA

Auch wenn das Verfahren nicht wirklich brauchen wollen wir es der Vollständigkeit halber hier erwähnen. die Schnorr-Signatur ist mindestens ebenso sicher, sogar effizienter zu berechnen und zu prüfen.

Die Signatur kann auch mit dem Signaturverfahren, nicht zu verwechseln mit dem Verschlüsselungsverfahren, von Taher El-Gamal durchgeführt werden. Dieses Verfahren mit elliptischen Kurven durchgeführt wird auch als ECDSA bezeichnet.

Dazu müssen wir allerdings den Punkt auf der elliptischen Kurve, den wir durch skalare Multiplikation des Startpunktes G mit einer Zufallszahl k erhalten, als Zahl interpretieren. Im einfachsten Fall nehmen wir die x-Koordinate.

Gegen sie eine Gruupe

Addition mit elliptischen Kurven

n sei die Ordnung der Gruppe

(Zahl der Punkte)

G sei ein Punkt auf der Kurve

x der private Schlüssel

$Y := x \cdot G$ *der öffentliche Schlüssel*

k sei eine Zufallszahl

$R = k \cdot G$

$r = x - Koordinate\ von\ R$

$s \equiv (H(m) + r\,x)k^{-1} \bmod n$

Signatur $S := (s, r)$

Es folgt:

$k \equiv (H(m) + r\,x)s^{-1} \bmod n$

es folgt weiterhin

$R = (s^{-1} H(m)) \cdot G + (r\,s^{-1}) \cdot Y$

Wir können damit prüfen, ob tatsächlich die x-Koordinate des berechneten Punktes auf der Kurve ist und haben damit die Signatur geprüft.

Der Zero-Knowledge Proof

Auch den sogenannten „Zero-Knowledge Proof" können wir mit RSA oder den elliptischen Kurven leicht implementieren. Hier die Definition des Begriffs aus Wikipedia:

*In cryptography a **zero-knowledge proof** or **zero-knowledge protocol** is a method by which one party (the prover Peggy) can prove to another party (the verifier Victor) that she knows a value x, without conveying any information apart from the fact that she knows the value x.*

Keine Frage, der Besitzer des privaten Schlüssels zur Signaturerstellung kann beweisen, dass er diesen Schlüssel kennt. Dazu muss er schlicht eine Signatur erstellen, die mit dem öffentlichen Schlüssel geprüft werden kann, ohne dass der private Schlüssel aus dem öffentlichen Schlüssel abgeleitet werden kann. Zur Prüfung kann eine einmalige Zufallszahl verwendet werden, um auszuschließen, dass ein Hacker mit einer abgehörter Signatur sich Zugang verschaffen könnte. Bei diesem Protokoll kann der private Schlüssel als Passwort dienen. Das Passwort braucht nicht über eine potentiell unsichere Leitung übertragen werden, auch nicht verschlüsselt. Der Prüfer kennt das Passwort gar nicht, nur den öffentlichen Schlüssel. Im Vergleich zu anderen Varianten des sogenannten „Zero-Knowledge Proof" ist bei Verwendung der digitalen Signatur nur eine Iteration erforderlich. Es sind keineswegs 100 Abfragen nötig, damit Victor mit annähernd 100 Prozent Sicherheit sagen kann, dass „Peggy" das Geheimnis, ihr Passwort, tatsächlich kennt.

Wir könnten einwenden, dass der Schlüssel x bei diesem Verfahren nicht frei gewählt werden kann. Er wäre auch ziemlich lang, besonders bei RSA, bei den elliptischen Kurven etwas kürzer. Auch im Fall elliptischer Kurven aber sicher noch viel länger als sich ein Anwender merken möchte.

Dieses Problem können wir aber auch einfach lösen, denn der private Schlüssel, etwa die großen Primzahlen beim RSA-Verfahren, können statt ausgewürfelt zu werden, natürlich auch aus 128 Bitwerten, einem beliebigen Schlüsselwert einem Text, dem Passwort, berechnet werden. Ein Passwort muss also nicht übertragen werden und auch nicht auf einem Server gespeichert sein, auch nicht verschlüsselt

Schlüsselaustausch ohne öffentliche Schlüssel

Für den Schlüsselaustausch brauchen wir gar keine asymmetrisches Verfahren, es genügt wenn die Reihenfolge bei Mehrfachverschlüsselung vertauscht werden kann. Alice verschlüsselt mit k1, Bob verschlüsselt das Ergebnis erneut mit k2, Alice entschlüsselt mit k1 und schließlich entschlüsselt Bob mit k2.

Wir können die Multiplikation eines beliebigen Punktes M auf einer elliptischen Kurve mit einer zufällig gewählten Zahl k als Verschlüsselung betrachten.

M ein Punkt auf der Kurve
n · M = O das neutrale Element
Chiffre C = k · M
Schlüssel zum Entschlüsseln
$$k\,k^{-1} \equiv k\,(1/k) \equiv 1\,mod\,n$$

Der Punkt M auf der Kurve kann in ein Passwort umgewandelt werden, zum Beispiel die x-Koordinate als eine Ziffernfolge dargestellt werden. Auf diese Weise kann also ein geheimer Schlüssel ausgetauscht werden, ohne das öffentliche Schlüssel sicher gegen Fälschungen ausgetauscht werden müssen.

Nochmals zusammengefasst:

Sei M ein Punkt auf der Kurve
$$(1/k\,2) \cdot ((1/k\,1) \cdot (k\,2 \cdot (k\,1 \cdot M)))$$
$$((1/k\,1)(1/k\,2)(k\,1)(k\,2)) \cdot M = (1\,mod\,n) \cdot M = M$$

Bei elliptischen Kurven der Form

$$y^2 \equiv cx^3 + ax\,mod\,p$$

gibt es (p+1) Punkte auf der Kurve für eine der möglichen x-Koordinaten x oder (p-x) für jeden vorgegebenen Wert x. Eine Bitfolge mit maximal 200 Bits können wir daher als x Wert betrachten. Wir finden dann einen Punkt auf der Kurve, entweder mit der x-Koordinate x oder (p-x). Wir können so die elliptischen Kurven als Chiffre mit vertauschbarer Reihenfolge verwenden. Die Chiffre wird eindeutig umkehrbar, wenn wir nur x-Werte kleiner p/2 zulassen.

Recommended Parameters secp256r1)

Wir können die Software für unsere Schnorr-Signatur gut überprüfen, indem wir die „empfohlenen" ellip-tischen Kurven im Internet nachschlagen und dann die Berechnung mit den empfohlenen Parametern durchführen. Es funktioniert, die Signatur stimmt – also ist unsere Software korrekt implementiert.

Jetzt können wir es natürlich auch bei diesen Para-metern belassen oder auch nicht. Es gibt keinen Grund anzunehmen, dass die einen oder die anderen Parameter besser geeignet sind. Wir brauchen noch ein paar Zeilen Python, um die hexadezimalen Zah-lenangeben für die empfohlenen Parameter in ganze Zahlen für Python umzuwandeln.

```
def hextxt2num(x):
  res = 0
  for c in x:
    if ord(c) < 58 and ord(c) >= 48:
      res = (res<<4) + ord(c) - 48
    elif ord(c) <= ord('F') and ord(c) >= ord('A'):
      res = (res<<4) + ord(c) - 55
  return res

a  = hextxt2num("FFFFFFFF 00000001 00000000
00000000 00000000 FFFFFFFF FFFFFFFF FFFFFFFC")
b  = hextxt2num("5AC635D8 AA3A93E7 B3EBBD55
769886BC 651D06B0 CC53B0F6 3BCE3C3E 27D2604B")
n_ = hextxt2num("FFFFFFFF 00000000 FFFFFFFF
FFFFFFFF BCE6FAAD A7179E84 F3B9CAC2 FC632551")
prime = (2**224)*(2**32-1) + 2**192 + 2**96 – 1
```

Hier muss noch (prime + 1) durch n_ ersetzt werden.

```
def signSchnorr(G,m,x):
  k = random256()
  R = mulP(G,k)
  e = h(str(R[0]) + m)
  return [(k + x*e) % (n_), e]
```

Ist Uran eigentlich teuer

An dieser Stelle mache ich einmal Schluss mit der Kryptologie, denn viel zu sagen gibt dazu nicht mehr, nichts was wir wirklich wissen sollten. Verschlüsselung ist trivial, denn wir brauchen dazu nur Zufallszahlen, die mit einem Computer auf höchst unterschiedliche Weise sogar sehr schnell in großen Mengen berechnet werden kaönnen. Da die berechneten von „echten" Zufallszahlen gar nicht zu unterscheiden sind, haben wir perfekte Sicherheit, ein One-Time-Pad. Da gibt es nichts mehr zu verbessern.

Auch asymmetrische Verschlüsselung ist möglich, die mit einem geheimen Schlüssel verschlüsselten Daten, können mit einem öffentlichen Schlüssel entschlüsselt werden. Der geheime Schlüssel kann aus dem öffentlichen praktisch nicht berechnet werden. Die Daten können aber mit dem öffentlichen Schlüssel entschlüsselt werden. Damit haben wir einen Beleg, dass die Daten, so und nicht einem Bit verändert, mit dem geheimen Schlüssel signiert wurden. Ist auch der „öffentliche" Schlüssel geheim, können die Daten überhaupt nicht mehr entschlüsselt werden und bleiben geheim. Dieses RSA-Verfahren ist sicher mit 1500 Bits und mehr. Perfekt – was wollen wir noch mehr?

Eigentlich brauchen wir gar nicht mehr, eine Signatur kann jedoch auch mit anderen Verfahren berechnet, noch ein Bisschen schneller und noch kürzeren Schlüsseln. Dazu können die sogenannten elliptischen Kurven benutzt werden. Jetzt sind wir endgültig am Ende angekommen, denn noch schneller und noch kürzeren Schlüssel, das ist kaum möglich, wenn es auch noch sicher sein soll.

Deshalb stellen wir einmal eine neue Frage, wie kann die Energie der Zukunft zu geringen Kosten ohne klimaschädliches Kohlendioxid erzeugt werden? Wir befassen uns also mit der Frage wieviel Uran es auf der Erde gibt und ob wir ausreichend Energie daraus gewinnen können.

Das natürlich vorkommende Uran besteht zum Großteil aus dem nicht spaltbaren Uran-238 Kernen bestehend aus 92 Protonen und 146 Neutronen. Spaltbar ist das Uran-235 bestehen aus 92 Protonen und 143 Neutronen. Der Anteil des spaltbaren Urans beträgt nur 0,7 Prozent. Doch auf bereits die Energie, die wir aus der Spaltung von Uran-235 gewinnen können ist ausreichend. Pro Spaltung wird eine Energie von etwa 200 MeV, 200 Millionen Elektronenvolt, wobei ein Elektronenvolt die Energie ist, die ein Proton gewinnt, wenn es eine Spannung von einem Volt durchläuft. Uran wird als Verbindung mit Sauerstoff,, 3 Atome Uran und 8 Atome Sauerstoff, gehandelt. Übllicher Weise wird der Preis von einem englischen Pfund

(LBS, 454 Gramm) angegeben. Etwa ein Drittel der freigesetzten Energie kann in einem Kernkraftwerk in elektrische Energie umgewandelt werden. Die Masse von 238 Gramm Uran, natürliches Uran besteht fast vollständig aus Uran-238, enthält etwa 6,02 mal 10 hoch 23 Urankerne, die Avogadrozahl.

Jetzt wissen wir alles, um zu berechnen, welche Energie in Kilowattstunden aus 454 Gramm des Uranoxid im Kernkraftwerk gewonnen werden kann.

$$(1/3) \cdot 0{,}007 \cdot (3 \cdot 238)/(3 \cdot 238 + 8 \cdot 16) \cdot (454/238)$$
$$mal \, 6{,}02\text{E}23 \cdot (200 \, MeV)$$
$$geteilt \, duch \, (60 \cdot 60 \cdot 1000 \, Wattsekunden)$$

Es sind 20,000 Kilowattstunden. Bei einem typischen Preis von 20 Euro sind dies etwa 0,1 Cent pro Kilowattstunde Strom als Anteil der Kosten, der auf das Uran entfällt.

$$kwh = 1000. * 60 * 60$$
$$lb = 453.59$$
$$h235 = 0.007$$
$$es = 200 * 1.0\text{E}6 * 1.6e\text{-}19$$
$$N = 6.02e23$$
$$x = (1/3.) * h \frac{235 * hu * (lb/238.) * (N * es)}{kwh}$$

$$x = 20178.709527579835$$

Abbildung 1. Die Berechnung der elektrischen Energie in Kilo-wattstunden, die aus einem Lb (453.59 g) Uranoxid (U3O8) mit natürlichem Isotopen-Verhältnis Uran in einem Kernkraft-werk aus der Spaltung von Uran-235 gewonnen werden kann.

Beweisbare Sicherheit

Kommen wir zurück zur Kryptographie und stellen uns die Frage, ob wir die Sicherheit beweisen können. Insbesondere stellen wir die Frage, wie wir beweisen könnten, dass kein Algorithmus existiert, um den privaten Schlüssel zu berechnen aus dem bekannten öffentlichen Schlüssel.

Wenn wir ganz allgemein die Frage stellen, wie wir die Nicht-Existenz von einem effizienten Verfahren beweisen sollten, dann gelangen wir fast automatisch zu einem klassischen Beweisverfahren in der mathematischen Logik, dem indirekten Beweis durch Widerlegung des Gegenteils. Wir zeigen, dass die Existenz eines effizienten Algorithmus zu einem logischen Widerspruch führt. Mit dieser Idee, können wir bei der RSA-Signatur beweisen, dass es sicher ist, sofern die Primzahlen p und q aus dem Produkt n gleich p mal q nicht berechnet werden können. Wir müssen also zeigen: ist es möglich den privaten Schlüssel aus dem öffentlichen Schlüssel zu berechnen, dann können auch die Primzahlen aus dem Produkt n bestimmen.

Voraussetzung:
Es ist nicht möglich die Primzahlen zu berechnen
Zu zeigen:
Es ist unmöglich den privaten Schlüssel zu berechnen

Wir zeigen also, dass wir den privaten Schlüssel, den Exponenten d, berechnen können, aus dem öffentlichen Schlüssel, dem Exponenten e und n gleich dem Produkt der beiden Primzahlen p und q.

$$Gegeben\ n = p\,q\,, nicht\ aber\ p\ und\ q$$
$$e\,d \equiv 1\,mod\,(p-1)(q-1)$$
$$(e\,d-1)\ ist\ ganzes\ Vielfaches\ von\,(p-1)(q-1)$$
$$Zu\ berechnen\,, der\ Exponent\ d$$

Wir wollen noch voraussetzen, dass e relativ klein ist, zum Beispiel e = 3. Für e = 3 gilt

$$e\,d-1 = k\,(p-1)(q-1)\,mit\ k = 1,2$$

Den richtigen Wert für k können wir leicht finden, indem wir zunächst k = 1 und dann k = 2 annehmen. Wir beschränken uns hier auf den Fall k = 1.

$$Setze\ x := p$$
$$und\ A := (p-1)(q-1)$$

$$Es\ folgt\ A = pq - p - q + 1$$
$$umgeformt\ A = n + 1 - x - n/x$$

Qudratische Gleichung
$$x^2 + \big(A - (n+1)\big)x + n = 0$$

Die quadratische Gleichung hat ein, zwei oder auch keine Lösungen für x in den reellen Zahlen. Sofern es zwei ganzzahlige Lösungen gibt, sind dies die beiden Primzahlen, die wir somit bestimmt haben. Falls nicht, probieren wir noch den Fall k = 2. Wir erhalten wieder eine qudratische Gleichung, deren Lösung die gesuchten Primzahlen sind.

Nein, das Wurzelziehen auch aus riesigen Zahlen mit hunderten von Stellen ist durchaus möglich. Mit einen Computer ist dies eigentlich gar kein Problem. Wenn wir die Werte A und n kennen, können wir problemlos daraus auch die Primzahlen berechnen.

Es bleibt höchsten die Frage, ob wir den Wert A := (p-1)(q-1) überhaupt benütigen, um den geheimen Exponenten d zu berechnen. Tatsächlich funktioniert das RSA-Verfahren genauso mit jedem ganzen Vielfachen von A, so zum Beispiel mit

$e\,d-1$. Wir können auf jedes gemeinsame Vieffache von (p-1) und (q-1) statt A benutzen. Damit folgt auch, dass RSA sofort geknackt ist für alle Werte von e, wenn wir den Exponenten d für irgend einen Wert e kennen. Wir berechnen dann nämlich einfach $A'=e\,d-1$ und können daraus einen inversen Exponenten $d'=modInv(e',A')$ berechnen. Wenn wir RSA mit irgend einem Wert des Exponenten e knacken, können wir es anschließend auch mit jedem anderen Wert des öffentlich bekannten Exponente knacken.

Dies könnte uns auf den Gedanken bringen, den Exponenten e sehr groß zu wählen. Dieser Wert könnte dann auch als geheimer Exponent nur bestimmten Personen zugänglich gemacht werden, deren Aufgabe es ist Signaturen zu prüfen. Ohne Kenntnis beider Exponenten ist RSA definitiv nicht zu knacken.

Weniger bekannt als RSA ist die Rabin-Signatur, deren Sicherheit im Gegensatz zu RSA strikt beweisbar ist, sofern die Faktorisierung tatsächlich praktisch unmöglich ist. Die Rabin-Signatur könnte auch als RSA-Signatur mit öffentlichen Exponenten, e = 2, betrachtet werden, wobei der Fall eigenttlich ausgeschlossen ist, weil (p-1)(q-1) eine gerade Zahl ist und der größte gemeinsame Teiler mit e = 2 ebenfalls zwei und nicht wie gefordert eins ist.

Die Umkehrung ist also salopp gesprochen die Berechnung der Quadratwurzel. Die Lösung ist nicht eindeutig. Im ursprünglichen RSA-Verfahren daher ausgeschlossen. Wir rechnen immer modulo n. Es geht also hier nicht um die Berechnung der Wurzel in den reellen Zahlen. sondern um die Berechnung einer Zahl x, die Lösung der Gleichung

$$y \equiv x^2 \bmod n \quad \text{ist.}$$

Wenn wir alle Lösungen dieser Gleichung kennen, können wir n auch faktorisieren, die Primfaktoren p und q bestimmen. Darauf beruht der Beweis für die Sicherheit des Verfahrens. Wenn n das Produkt zweier Primzahlen ist, gibt es bis zu vier Lösungen dieser Gleichung, nicht nur zwei wie in den reellen Zahlen oder auch im Fall einer Primzahl n. Die Berechnung beruht auf dem chinesischen Restsatz.

Rabin-Signatur mit Python

Einen strikten mathematischen Beweis für die Sicherheit der digitalen Signatur gibt es für das 1979 von Michael Oser Rabin vorgeschlagene Verfahren unter der Voraussetzung, dass es praktisch unmöglich ist die Primzahlen aus dem Produkt n gleich p mal q zu bestimmen und bestimmte als plausibel angenommene Annahmen für die Hash-Werte gelten.

Hier finden wir die Realisierung der Hashfunktion mit einem Pytonskript. Es werden fünf mal 512 Bits mit einer Standard-Hashfunktion berechnet und daraus ein resultierender 2000-Bit-Hashwert berechnet.

79

```
def h(x):

  dx1 = hashlib.sha512(x).digest()

  dx2 = hashlib.sha512(dx1+x).digest()

  dx3 = hashlib.sha512(x+dx2).digest()

  dx4 = hashlib.sha512(x+dx3).digest()

  dx5 = hashlib.sha512(x+dx4).digest()

  res = 0

  for cx in (dx1+dx2+dx3+dx4+dx5):

    res = (res<<8) ^ ord(cx)

  return res % (nrabin)
```

Das Rabinverfahren berechnet die „Quadratwurzel" modulo n gleich p mal q. Wir haben dieses Verfahen auch schon bei den elliptischen Kurven verwendet. Wir benötigen hier noch den chinesisien Restsatz aus der Zahlentheorie. Das Verfahren ist nur anwendbar, wenn der Rest der Division der Primzahlen durch vier den Rest drei ergibt und damit die Primzahlen plus eins durch vier teilbar sind. Es ist jedoch praktisch genauso einfach solche Primzahlen zu finden. Die gleiche Bedingung müssen auch die Primzahlen bei den elliptischen Kurven erfüllen.

```
def root(m, p, q):

  while True:
```

```
x = h(m)

sig =   pow(p,q-2,q) * p * pow(x,(q+1)/4,q)

sig = ( pow(q,p-2,p) * q * pow(x,(p+1)/4,p) + sig ) % (nrabin)

if (sig * sig) % nrabin == x:

  print "write extended message to file m "

  f = open('m','w')

  f.write(m)

  f.close()

  break

 m = m + ' '

return sig
```

Rückschluss auf RSA

Wenn wir aber wissen, das Rabin-Verfahren ist tatsächlich sicher, dann können wir folgern, auch RSA ist höchst wahrscheinlich sicher, mindestens bei größerem Exponenten e. Bei RSA berechnen wir ja salopp gesprochen die e-te Wurzel, die eindeutig bestimmt ist. Bei Rabin berechnen wir die Quadratwurzel, die nicht eindeutig bestimmt ist, sondern vier Werte annehmen kann.

Das ist auch mathematisch nicht hundert prozentig eindeutig, aber sehr plausibel. Doch umgekehrt kann RSA auch nicht noch sicherer sein als die Signatur von Rabin, denn wenn die

Primzahlen p und q bekannt sind, irgendwie bestimmt werden können, sind beide Verfahren geknackt.

Die Sicherheit elliptischer Kurven

Tatsächlich gibt es keinen mathematischen Beweis, dass die elliptischen Kurven tatsächlich sicher sind, unter bestimmten plausiblen Annahmen wie RSA- und Rabin-Signatur. Alles was wir sagen können ist, ein effizientes Verfahren, das sogenannte diskrete Logarithmusproblem, zu lösen ist nicht bekannt, obgleich die Verfahren schon lange Zeit öffentlich bekannt sind und bei 160 Bits und mehr noch niemals nachweislich geknackt wurden.

Kryptographie komplett

Wir sind bereits am Ende angekommen. Alle wesentlichen Fakten zur Kryptographie sind genannt. Es wurde im Detail erklärt, mit vollständigem Quelltext, wie wir die kryptographischen Berechnung mit Standardsoftware (Python, C-Compiler) durchführen können. Jede Skriptsprache, die das Rechnen mit großen ganzen Zahlen unterstützt ist im Grunde geeignet. Der erfahrene Programmierer wird die Skripte auch von Python auf Javascript oder PHP leicht umschreiben können. Damit kann die Software auch im Browser jedes Rechners im Internet ausgeführt werden.

Auf dem eigenen PC können wir all diese Berechnung durchführen. Nicht etwa Übungen mit viel zu kleinen Schlüsselwerten, sondern mit Schlüssellängen, die nach heutigem Kenntnisstand absolut sicher sind.

Der Leser hat sogar etwas wichtiges über die Kernenergie gelernt.

Es bleibt die Frage, brauchen wir überhaupt diese elliptische Kurven? Tatsächlich ist RSA mit bereits mit 1536 Bits bei heute bekannten Verfahren komplett unknackbar. Bereits bei 768 Bits ist es extrem teuer einen RSA-Schlüssel zu knacken. Bei den elliptischen Kurven fehlt ein Beweis für die Sicherheit. Es gibt kein bekanntes Verfahren zur Berechung des diskreten Logarithmus, das bestimmte Eigenschaften der elliptischen Kurven ausnutzt. Daher ist die Sicherheit nach heutigem Stand allein von der Schlüssellänge abhängig. Es spielt für diese Verfahren überhaupt keine Rolle welche Art elliptischer Kurven wir verwenden.

Die Signatur auf Basis der elliptischen Kurven erfordert für jede Signatur eine Zufallszahl, egal ob die Schnorr-Signatur oder ECDSA verwendet wird. Kann ein Angreifer eine Zufallszahl, für eine einige Signatur ermitteln, kann er damit den privaten Schlüssel berechnen, das Verfahren ist geknackt. Wird eine Zufallszahl mehrfach verwendet, kann das Verfahren ebenfalls geknackt werden. Die elliptischen Kurven erscheinen nur sinnvoll, wenn möglich kurze Signaturen erforderlich sind.

Eine mögliche Anwendung wäre die sichere Kennzeichnung von Produkten oder Dokumenten wie Aktien oder Banknoten.

Den höchsten Grad an Sicherheit erreichen wir durch Kombination der elliptischen Kurven mit einem Verfahren, das auf der Schwierigkeit große Zahlen in ihre Primfaktoren zu zerlegen beruht, also dem RSA-Verfahren oder dem Rabin-Verfahren.

Das war es schon, One-Time-Pad, RSA und Rabin und eventuell noch elliptische Kurven, mehr brauchen wir über Kryptographie nicht zu wissen.

Sind elliptische Kurven notwendig

Wir könnten allerdings noch einmal die Frage stellen, ob wir denn die elliptischen Kurven überhaupt benötigen oder ob wir damit schon mittels der sprichwörtlichen, zahlentheoretischen Kanonen auf Spatzen schießen. Die Frage kam mir bei der nochmaligen Betrachtung des berühmten Schlüsselaustausch von Diffie und Hellman in den Sinn.

Meine Überlegung dazu war folgende. Das Verfahren erfordert überhaupt kein Primzahl als Modulus wir können jede große Zahl verwenden und Alice und Bob haben am Ende trotzdem einen gemeinsamen Schlüssel vereinbart.

Alice würfelt eine große Zahl aus, Bit für Bit mit 2000 Münzwürfen, das ist dann der Modulus n. Dann bestimmt sie eine weitere Zufallszahl die Basis g für unser Verfahren. Schließlich würfelt sie noch eine Zufallszahl a, sagen wir mit 100 Bits aus, die prakisch nicht zu erraten ist. Jetzt kann sie ihren öffentlichen Schlüssel, g hoch a modulo n, ausrechnen. Sie verschickt dann die Zahlen n, g und ihren öffentlichen Schlüssel an Bob. Bob berechnet ebenfalls eine Zufallszahl b und daraus einen öffentlichen Schlüssel, g hoch b modulo n. Dann können schließlich beide einen gemeinsam genutzen, geheimen Schlüssel berechnen.

$$\left(g^{a}\right)^{b} \equiv \left(g^{b}\right)^{a} \, modulo \, n$$

Die Frage ist nur, ob ein Hacker diesen Wert ebenfalls berechnen könnte und ob es daher sinnvoll sein könnte den Modulus n als eine Primzahl zu bestimmen.

Dies ist jedoch nicht zwingend erfoderlich, da es genügt, wenn die Zahl n einen großen Teiler besitzt, der eine Primzahl ist.

Wir könnten noch einen Trick anwenden, um die Chance zu vergrößern, dass die Zahl n tatsächlich einen großen Teiler enthält, der eine Primzahl ist. Dazu berechnen wir in einem ersten Schritt das Produkt der kleinsten Primzahlen, etwa der Primzahlen kleiner als 200. Diesen Faktor können wir groß P nennen und dann berechnen wir ein neue Zahl n als P mal eine große Zufallszahl plus eins. Das Ergebnis ergibt bei der Division durch eine kleine Primzahl immer den Wert eins, die kleinsten Primzahlen tauchen also in der Zerlegung unserer neuen

Zahl in Primfaktoren nicht auf. Die Chance, dass dieses n einen großen Primfaktor enthält wird damit noch erheblich größer.

Schließlich können wir diese Idee auch verwenden, um große Primzahlen noch schneller berechnen zu können. Wir berechnen also wie oben eine zufällige große Zahl, die zumindest keine Zeiler kleiner als 200 besitzt. Die Chance das eine Primzahl ist, ist damit auch größer. Ob es tatsächlich eine Primzahl ist, können wir ebenfalls schnell testen, auf der Basis eines Satzes den schon Pierre de Fermat im 17. Jahrhundert gefunden hatte.

$$a^{p-1} \equiv 1\, modulo\, p$$

Dies Gleichung gilt für alle Zahlen a = 1 bis p-1, wenn p eine Primzahl ist, Die Umkehrung gilt nicht strikt. Die Gleichung könnte also auch erfüllt sein, wenn p keine Primzahl ist. Für sehr große zufällig Zahlen und a größer als zwei, ist dies jedoch praktisch fast ausgeschlossen.

Auf diese Weise finden wir rasch große Primzahlen, wenn nötig sogar mit 1500 Bits oder mehr. Damit können wir also problemlos auch RSA-Module mit 3000 Bits berechnen. Damit ist RSA in jedem Fall extrem sicher. Tatsächlich sind dreitausend Bits jedoch übertrieben, maximal die Hälfte ist überhaupt erforderlich.

Mit elliptischen Kurven können wir die Zahlen noch etwas kleiner wählen. Es gibt allerdings keinen Beweis, dass die wirklich sicher sind. Bei 160 Bits und mehr konnte der sogeannte diskrete Logarithmus noch nicht nachweislich berechnet werden.

Notwendig sind elliptische Kurven nicht, weil RSA auch höchsten 1536 Bits erfordert und damit sehr effizient berechnet werden kann.

Wir können allgemein feststellen kryptographische Verfahren sind nicht wirklich kompliziert, sogar wenn es um digitale Signaturen geht. Ja, wir können das alles selber programmieren und benötigen keinesfalls eine Software aus dem Internet, für dessen Sicherheit natürlich kein Mensch garantiert.

Schnorr-Signatur mit dem Produkt zwei großer Primzahlen

Gestern bin ich durch Zufall darauf gestoßen, es gibt noch weitere beweisbar sichere Verfahren, die auf dem Faktorisierungsproblem beruhen, also sicher sind, sofern die Primzahlen aus dem Produkt nicht bestimmt werden können.

Wir können nämlich eine Gruppe, genau wie bei den elliptischen Kurven, definieren mit der Multiplikation mudulo $n = p \cdot q$, wenn wir die Menge der Zahlen betrachten, die weder durch die Primzahl p noch die Primzahl q teilbar sind. Es handelt sich wieder in der Sprache der Mathemaik um eine kommunikative, algebraische Gruppe. Wir können die Multiplikation modulo n auch als „Addition" wie bei der Addition der Punkte auf den elliptischen Kurven bezeichnen. Damit ist alles komplett analog zu den elliptischen Kurven. Wir können also auch komplett analog eine digitale Signatur berechnen.

Wir können dazu die Schnorr-Signatur verwenden die beweisbar sicher ist, sofern die Faktorisierung schwierig ist. Die Signatur kann ohne Kenntnis der Pimzahlen nicht berechnet werden.

$$G \text{ zufällige Zahl größer } n/2$$
$$x = privater\ Schlüssel\,(100\ Bits)$$
$$y = G^x modulo\,(Ordnung\ der\ Gruppe)$$
$$Wähle\ Zufallszahl\,k$$
$$r = G^k modulo\,(Ordnung\ der\ Gruppe)$$
$$Berechne\ aus\ Hash\ e := H\,(r,m)$$
$$s \equiv k + x\,e\ modulo\,(Ordnung\ der\ Gruppe)$$
$$Signatur\ gleich\,(s,e)$$

Die Ordnung der Gruppe ist die Anzahl der Elemente, die Anzahl der zu n teilerfremdem Zahlen von 1 bis n-1. Diese lässt sich nur bei Kenntnis der Primzahlen als (p-1)(q-1) berechnen.

Doch es stimmt, wenn wir die Exponenten x oder k berechnen könnten, dann könnten wir RSA knacken und auch die Primzahlen p und q bestimmen. Wenn wir jedoch voraussetzen, das Faktorisierungsproblem sei hinreichend schwierig, dann ist dies nicht möglich. Interessant an dieser Variante der digtalen Signatur, die Ordnung der Gruppe ist unbekannt für den Prüfer der Signatur, der die Primzahlen nicht kennt. Dies ist anders als bei den elliptischen Kurven, wo die Ordnung im Allgemeinen als bekannt angenommen wird. Es gelingt dem Prüfer daher nicht x nach der Gleichung

$$x \equiv (s-k)/e \, modulo \, (p-1)(q-1)$$

zu berechnen. Dies führt zu der Frage, ob eventuell bei elliptischen Kurven die Ordnung auch unbekannt sein könnte. Es ist jedoch nicht bekannt, wann die Ordnung bei den elliptischen Kurven tatsächlich berechenbar ist.

Eine beweisbare Sicherheit haben wir nur bei Verfahren, die auf der Schwierigkeit der Faktorisierung beruhen. Allerdings sind all diese digitalen Signaturen unsicher, sofern es doch eine Möglichkeit gäbe, das Produkt zweier großer Primzahlen effizient zu faktorisieren. Kombiniert man diese Verfahren mit den elliptischen Kurven, bleiben sie sicher, sofern nicht alle Verfahren unsicher sind.

Grundidee unverändert

Tatsächlich hat sich offensichtlich nichts entscheidendes getan, bei den Algorithmen zur Faktorisierung. Es läuft darauf hinaus Qudratzahlen zu konstruieren, so dass

$$Sei \, n = p \, q \, das \, Produkt$$
$$großer \, Primzahlen$$
$$X^2 \equiv Y^2 \, mod \, n \Rightarrow (X-Y)(X+Y) \equiv 0 \, mod \, n$$
$$Berechne: ggT(X-Y, n)$$

Wir können deratige Quadrate finden, wenn wir Zahlen x_i mit (x_i) im Qudrat größer n finden, mit der Eigenschaft.

$$(x_i)^2 \equiv (Produkt \, kleiner \, Primfaktoren) \, mod \, n$$

Wenn wir N Primfaktoren haben, benötigen wir maximal (N+1) solcher Zahlen und können die Quadrate $X^2 \ und \ Y^2$ finden und daraus in der Hälfte der Fälle die gesuchten Primzahlen berechnen. Dazu müssen wir ein lineares Gleichungssystem lösen, was für einen Computer kein Problem ist, zumindest wenn N nicht zu groß wird. N kann aber einige Millionen betragen, dann wird der Speicherbedarf langsam zu groß.

Bei dem Verfahren gibt es nur ein Problem, je größer die Zahlen werden, um so unwahrscheinlicher wird es sogenannte glatte Zahlen zu finden, die sich als Produkt kleiner Primzahlen schreiben lassen. Bei fester Anzahl der Primzahlen sinkt die Wahrscheinlichkeit exponentiell mit der Zahl der Stellen der Zahl, die in Faktoren zerlegt werden soll. Mehr als etwa 768 Bits konnten bisher nicht faktorisiert werden und bessere Algorithmen gibt es offenbar nicht.

Rein theoretisch mit einem hypothetischen, unendlich schnellen Quantencomputer. Doch der Quantencomputer ist tatsächlich nur Science Fiction. Die Tatsache, dass beim Faktorisierungsproblem der Quantencomputer ins Spiel gebracht wird, heißt im Klartext, es gibt keine entscheidend besseren Algorithmen, die Faktorisierung ist tatsächlich hinreichend schwierig.

Bruce Schneier zu RSA-768

Um hier noch einmal eine Zahl nennen zu können, wie lange die Faktorisierung von RSA-1536 dauern könnte, zitieren wir hier einmal Bruce Schneier, eine Ktyptologen der in solchen Fragen immer wieder gerne zitiert wird.

„Our computation required more than 10^20 operations. With the equivalent of almost 2000 years of computing on a single core 2.2GHz AMD Opteron, on the order of 2^67 instructions were carried out.“

Wir fangen also nicht bei eins an sondern wir haben schon einmal 10 hoch 20 Operationen, die zur Faktorisierung von RSA-768 laut Bruce Schneier erforderlich waren. Mit Python lässt sich das leicht umrechnen in eine Potenz von 2 wie in der Krypthographie gebräuchlicher.

*>>> math.log(10)/math.log(2) * 20*

66.43856189774725

>>>

Es sind also knapp $2 \wedge 67$ wie von Bruce Schneier angegeben. Ein Verfahren gilt nach allgmeiner Auffassung als sicher, wenn der Aufwand $2 \wedge 128$ beträgt. Es fehlt also noch ein Faktor von etwa $2 \wedge 61$ zu diesem Sicherheitsniveau. Um abzuschätzen wie der Aufwand mit der Bitlänge zunimmt habe ich ein kleines Skript mit Python geschrieben, das es erlaubt zu test ob größere Zahlen glatt sind, sich also als Produkt kleiner Primzahlen schreiben lassen. Dies lässt sich einfach berechnen, wenn wir zunächst das Produkt der kleinen Primzahlen ausrechnen. Wir wollen also von einer Zahl x bestimmen, ob sie durch kleine Primzahlen teilbar ist. Dann berechnen wir den größen gemeinsamen Teiler (engl. Greatest Common Divisor gcd) der Zahl x und dem Produkt der kleinesten Primzahlen und dividieren x durch das Ergebnis. Da einzelne Primfaktoren auch mehrfach in x auftreten können, müssen wir diese Prozedur wiederholen nis der größte gemeinsame Teiler eins ist.

```python
def gcd(a,b):
  while b > 0:
    a,b = b,a % b
  return a
def issmooth(n,m):
  g = gcd(n,m)
  while True:
    n = n / g
    g = gcd(n,m)
    if g == 1:
      break
  return n == 1
```

Mit riesigen Zahlen wie 2 hoch 768 können wir den Test schwer duchführen, weil das Produkt der kleinsten Primzahlen, nennen wir es m, für unseren PC zu groß wird. Wir können aber ohne Probleme das Produkt der Primzahlen kleiner 10.000 ausrechnen, auch wenn das Ergebnis bereits gigantisch ist. Jetzt können wir durch Extrapolation überschlagen wie die Wahrscheinlichkeit abnimmt, wenn die Zahl x größer wird. Es zeigt sich, dass bei einer Zunahme von x von etwa einem Faktor 16 sich die Wahrscheinkeit halbiert. Die Zahl x liegt in der Größenordnung der Primzahlen p und q. Das Produkt n wächst also um einen Faktor 32. Wir kommen letztlich zu dem Ergebnis, dass bei fester Faktorbasis die Wahrscheinlichkeit bis zum Erreichen von $n = 2^{1536}$ noch um einen Faktor 2 hoch 96 annimmt, weit mehr als die 2^{61}, die zu dem geforderten Faktor 2^{128} noch fehlen. Die „kleinern Primzahlen" waren bereits bei der Faktorisierung von RSA-768 riesig. Der Speicherbedarf würde auch extrem steigen, wenn wir noch weit mehr, viele Milliarden, Primzahlen hinzunehmen würden. Daher können 2 hoch 1536 für ausreichend betrachtet werden.

Verschlüsselung unerwünscht

Am Ende können wir nur einen Schluss ziehen, die Verschlüsselung ist von den Mächtigen unerwünscht. Deshalb versuchen sie uns einzureden, die Verschlüsselung sei extrem schwierig und nur Standard-Verfahren seien sicher. Wir bräuchten komplizierte Zahlentheorie mit elliptischen Kurven und so weiter.

Dies ist jedoch alles Unsinn, wir können sogar die digitale Signatur selber programmieren.

Wir können sogar vollkommen auf asymmetrische Verfahren verzichten, wenn wir einen vertrauenswürdigen Server im Internet voraussetzen. Dann reicht als „digitale Signatur" ein Prüfwert wie MD5 mit 128 Bits. Als „Signatur" überträgt der Anwender den Prüfwert, nur den Prüfwert, das genügt bereits. Der Server kann auf Anfrage Auskunft geben, ob der Unterzeichner tatsächlich den Hashwert eingereicht hat. Der Fragesteller übermittelt dem Server dabei bereits den Hashwert. Der Server gibt also nur Auskunft, ob der Unterzeichner tatsächlich einen vom Fragesteller angegeben Hashwert eingereicht hat. Er übermittelt nur die Antwort „Ja" oder „Nein", nicht den Hashwert.

Die Kommunikation mit dem Server kann natürlich mit Standardverfahren – HTTPS – also auch mit elliptischen Kurven erfolgen. Der Anwender braucht aber nur symmetrische Verfahren, die er selbstständig einsetzt.

Zum Schluss folgt noch ein relativ einfaches C-Programm zur symmetrischen Verschlüsselung im Quellcode.

```
#include <stdio.h>
#include <string.h>

#define N 256
#define ROUNDS 30000

int main(int argn, char **argv){
  int s[N], s_[N];
```

```
    int klen,t,i,j=0;
    int i2,j2;
    int r, c;
    unsigned char cout;

    if (argn < 2){
        fprintf(stderr, "encrypt: cat file | ./a.out
password > efile\n");
        fprintf(stderr, "decrypt: cat efile | ./a.out
password D > file\n");
        return 0;
    }
    klen = strlen(argv[1]);
    for (i=0; i<N; i++){
        s[i] = (i + klen) % N;
        s_[i] = i;
    }
    for (r=0; r < ROUNDS; r++)
    {
      for (i=0;i<N; i++){
        j = (j + s[i] + argv[1][i % klen]) % N;
        t = s[i] + s[j];
        s[i] = t - s[i];
        s[j] = t - s[j];
      }
    }
    for (r=0; r < ROUNDS; r++)
    {
      for (i=0;i<N; i++){
        j = (j + s_[i] + argv[1][(i+r) % klen]) % N;
        t = s_[i] + s_[j];
        s_[i] = t - s_[i];
        s_[j] = t - s_[j];
      }
    }
    i = s[0];
    j = s[1];
    i2 = s[2];
    j2 = s[N-1];
    while ((c = fgetc(stdin)) != -1){
```

```
    i = (i + 1) % N;
    j = (j + s[i]) % N;
    i2 = (i2 + s[j]) % N;
    j2 = (j2 + s[i2]) % N;
    t = s_[i] + s_[j];
    s_[i] = t - s_[i];
    s_[j] = t - s_[j];
    t = s[i2] + s[j2];
    s[i2] = t - s[i2];
    s[j2] = t - s[j2];
    if (argn == 2)
        cout = (c + s_[s[t % N]]) % N;
    else
        cout = (N + c - s_[s[t % N]]) % N;
    if (argn > 2) j ^= c; else j ^= cout;
    printf("%c", cout);
}
fprintf(stderr,"h7: ");
for (r=0;r<32;r++){
    i = (i + 1) % N;
    j = (j + s[i]) % N;
    i2 = (i2 + s[j]) % N;
    j2 = (j2 + s[i2]) % N;
    t = s[i2] + s[j2];
    s[i2] = t - s[i2];
    s[j2] = t - s[j2];
    cout = (c + s_[s[t % N]]) % N;
    fprintf(stderr, "%02X", cout);
}
fprintf(stderr, "\n");
}
```

Um das C-Programm zur Anwendung zu bringen, muss der
Quelltext in einer Textdatei gespeichert werden. Auf einem
Linux-System steht in der Regel ein Compiler (gcc) zur
Verfügung, um den Quelltext in ein ausführbares Programm zu
übersetzen, zu compilieren. Dies hat den Standardnamen
„a.out". Die Eingaben von der Standardeingabe stdin werden

verschlüsselt in die Standardausgabe stdout geschrieben. Der Inhalt einer beliebigen Datei kann mit „cat" in die Standeingabe geleitet werden. Die verschlüsselten Daten sind nicht komprimierbar.

```
knoppix@Microknoppix:~$ gcc file.c
knoppix@Microknoppix:~$ cat file.c | ./a.out mypass > cfile
h7:
7C1E87779C18ED5B57DC3EB23A88A412546AF56687012C
7AA3E0FD093EEBF94C
knoppix@Microknoppix:~$ cat cfile | ./a.out mypass d > cc
h7:
7C1E87779C18ED5B57DC3EB23A88A412546AF56687012C
7AA3E0FD093EEBF94C
knoppix@Microknoppix:~$ diff cc file.c
knoppix@Microknoppix:~$ ls -l cfile
-rw-r--r-- 1 knoppix knoppix 2283 Okt 27 11:14 cfile
knoppix@Microknoppix:~$ gzip cfile
knoppix@Microknoppix:~$ ls -l cfile*
-rw-r--r-- 1 knoppix knoppix 2312 Okt 27 11:14 cfile.gz
knoppix@Microknoppix:~$
```